本书由国家科技图书文献中心专项资助　　面向国家重点研发计划的专题服务系列丛书
主　编：刘细文
副主编：靳　茜　王　丽　马晓敏

全球煤炭清洁技术与新一代核能用材发展态势研究

全球煤炭清洁技术专项服务研究组
新一代核能用材专项服务研究组 ◎编著

组　长：姜　维　张龙强　王晓虎　顾　方　鲁　瑛
副组长：李春萌　唐广波　赵　楠　牛倩倩　武春亮
组　员：王　卓　徐　亮　查春和　王　强　胡　艳　马　姣　张月娥

电子工业出版社
Publishing House of Electronics Industry
北京·BEIJING

内 容 简 介

本书包含全球煤炭清洁技术和新一代核能用材两部分。全球煤炭清洁技术部分充分利用文献计量学和专利统计方法，综合分析与全球煤炭清洁技术相关的已经公开的科技文献和各国专利信息，根据技术发展趋势和态势，预测了未来煤炭清洁技术发展趋势，同时深度剖析了具有普遍行业影响力的创新性技术，系统梳理了煤炭清洁技术发展脉络。新一代核能用材部分从不同系列、反应堆内外不同服役位置等分类方法，对多种类型的核电用钢进行了介绍，分析了国内核电用钢技术特点。通过梳理核电站一回路主管道、压力容器、蒸汽发生器、堆内构件等关键部件用钢的国产化进展情况，分析了国内新一代核电用材的发展现状和趋势。

本书适合从事专利信息分析和情报挖掘的企业人员、从事煤炭清洁技术和核能用材研发的科技工作者、相关专业的大学生等阅读。

未经许可，不得以任何方式复制或抄袭本书之部分或全部内容。
版权所有，侵权必究。

图书在版编目（CIP）数据

全球煤炭清洁技术与新一代核能用材发展态势研究/全球煤炭清洁技术专项服务研究组，新一代核能用材专项服务研究组编著. —北京：电子工业出版社，2020.2
（面向国家重点研发计划的专题服务系列丛书）
ISBN 978-7-121-37583-5

Ⅰ. ①全… Ⅱ. ①全… ②新… Ⅲ. ①清洁煤－研究 ②核工程－工程材料－研究
Ⅳ. ①TD94 ②TL

中国版本图书馆 CIP 数据核字（2019）第 218706 号

责任编辑：徐蔷薇　　特约编辑：刘广钦　许波建
印　　刷：北京捷迅佳彩印刷有限公司
装　　订：北京捷迅佳彩印刷有限公司
出版发行：电子工业出版社
　　　　　北京市海淀区万寿路 173 信箱　　邮编：100036
开　　本：720×1 000　1/16　印张：11.75　字数：148.52 千字
版　　次：2020 年 2 月第 1 版
印　　次：2022 年 4 月第 2 次印刷
定　　价：88.00 元

凡所购买电子工业出版社图书有缺损问题，请向购买书店调换。若书店售缺，请与本社发行部联系，联系及邮购电话：(010) 88254888，88258888。
质量投诉请发邮件至 zlts@phei.com.cn，盗版侵权举报请发邮件至 dbqq@phei.com.cn。
本书咨询联系方式：xuqw@phei.com.cn。

编委会

主　任：彭以祺
副主任：吴波尔　　沈仲祺
编　委：（按姓氏笔画排序）

王　辉	牛倩倩	文淑美	石立杰	田　野
刘细文	刘晓婷	许　丹	孙　坦	杜　建
李春萌	李爱花	杨小薇	肖甲宏	肖美琴
张　玢	张　迪	张　锐	张燕舞	阿里塔
邵长磊	郑　丹	胡　静	夏　昕	顾　方
唐小利	唐广波	梁成真	揭玉斌	鲁　瑛
蔡志勇	滕　飞	魏　虹		

主　编：刘细文
副主编：靳　茜　　王　丽　　马晓敏

序 言

能源是人类社会赖以生存和发展的重要物质基础,人类文明的每次重大进步都伴随着能源的重要变革。在进入工业化时代后,大规模的工业生产需要大量能源为其提供动力支持,能源已经逐渐成为一个国家国民经济健康、稳定发展的重要物质保障。

我国在2010年能源消费总量超过美国,成为全世界最大的能源消费国。此后,随着我国工业化水平不断提高,城市化急速推进,以及人民生活水平不断提高,能源生产和消费持续增长。在过去10年间,我国能源消费总量累计增长了54.6%。2017年,我国能源消费总量为44.9亿吨标准煤,同比增长2.8%,占全球能源消费总量的23.2%。我国能源消费总量的快速增长支撑了经济的高速增长,能源结构有所改善,用能效率明显提高,但我国过度依赖煤炭,能源结构不够合理,用能效率与世界平均水平相比仍有差距。产业偏重、能效偏低、结构高碳带来的粗放式增长方式,使环境问题日趋严重。面对国际能源新变化、国际能源发展新趋势、国内能源转型新形势,我国能源产业发展正面临重大挑战和重大机遇。

党的十九大将坚持人与自然和谐发展作为新时代坚持和发展中国特色社会主义的基本方略之一,提出要推进能源生产和消费革命,构建清洁低碳、安全高效的能源体系。优化能源结构,实现清洁低碳发展,是推动能源革命的本质要求,也是我国经济社会转型发展的迫切需要。

煤炭被人们誉为黑色的金子、工业的食粮,是自18世纪以来人类世界使用的主要能源之一。多年以来，煤炭支撑了我国经济社会的快速发展，保障了我国的能源安全，同时有力地支持了钢铁、建材、化工等产业的快速发展，煤炭在我国一次能源生产和消费结构中长期维持较高的比重。我国"富煤、贫油、少气"的能源特点，决定了在未来一段时间内，以煤炭为主的能源消费结构无法改变，煤炭仍将是我国能源消费的支柱，我们必须用好煤。在新能源、可再生能源资源总量不足、对外依存度高等问题突出，以清洁能源保障稳定供应压力大的情况下，加快推动煤炭清洁利用已经成为必然选择。

核能发电具有能量密度高、运行成本低、可大幅减少温室气体和污染物排放等特点，是可以大规模替代化石能源的清洁高效低碳能源。核能发电科技含量高，产业带动能力强，在保障国家能源安全、调整能源结构、推动科技进步、增强综合国力、提升国际竞争力等方面作用显著。经过几代人不懈努力，我国核电立足自主创新，坚持安全发展，谱写了从无到有、从小到大的辉煌篇章，已成为中国制造"走出去"的国家名片之一。核能的发展，除新型核能技术的不断创新之外，与核电站设备材料也密切相关，而其中核电用钢是核电站设备制造中最为重要，也是用量最大的关键结构材料。随着国内钢铁材料技术的飞速发展及核电用钢标准体系的逐步建立、规范，核电用钢的国产化率有了大幅提升，目前我国核电用钢已经完全扭转过去被动落后的局面，正在朝着全球领先水平迈进。

当前，世界能源格局深刻调整，供求关系总体缓和，应对气候变化进入新阶段，新一轮能源革命蓬勃兴起；我国经济发展步入新常态，能源消费增速趋缓，发展质量和效率问题突出，供给侧结构性改革刻不容缓，能源转型变革任重道远。我们要清醒地认识到，能源转型具有长期性、艰巨性和复杂性，但其方向是清晰的，是国家目标、百姓诉求、全球大势。我们应抓住新常态、新机遇，一方面要积极寻找可再生、清洁的能源，另一方面要不断探索传统化石能源的清洁利用，推动我国能源结构低碳化转型，实现经济、环境的双赢和健康可持续发展。在这样的背景下，国家科技图书文献中心（NSTL）利用自身丰富的馆藏科技文献资源和成员单位专业的研究优势，充分利用文献计量学和专利统计方法，综合分析已经公开的科技文献和各国专利信息，对全球煤炭清洁利用技术和新一代核电用钢两个课题进行了深入的研究，并在此基础上编写了《全球煤炭清洁技术与新一代核能用材发展态势研究》一书，以期为相关领域的科研工作者提供参考和借鉴。

前 言

目前,全球能源结构仍以化石能源为主,在未来很长一段时间内,人类还需要依赖化石能源来保障生存和发展。然而,由于化石能源的不可再生的性质,加上经济飞速发展对地球上的化石能源的巨大消耗,我们正面临着化石能源枯竭的问题。在化石能源消费过程中,非常容易产生二氧化碳、二氧化硫、氮氧化物和烟尘,造成全球变暖、空气质量下降、酸雨等问题,我们也不得不应对全球性的环境污染和生态平衡破坏等问题。未来,伴随着能源消费的持续增长和能源资源分布集中度的日益增大,对能源资源的争夺将日趋激烈,争夺的方式也更加复杂,化石能源对环境的污染和全球气候的影响将日趋严重。世界能源正朝着多元化、高效化、清洁化、低碳化、可再生化方向发展。

我国化石能源储备量虽然很大,但人均可利用量低于世界平均水平,我国能源发展面临着前所未有的挑战。一方面表现为能源安全形势严峻。"富煤、少油、缺气"是我国能源资源的基本特征,煤炭占绝对主导地位,油气供应则受制于人,2017年我国原油对外依存度已高达68%,天然气对外依存度也达到了39%,对我国来说,形势非常严峻;另一方面则是环境压力巨大。内部表现为大范围、高强度的雾霾天气倒逼能源结构转型,外部则表现为二氧化碳减排任务艰巨,环境污染已成为制约我国经济发展的障碍之一。随着我国能源需求的不断增长和环境保护意识的日益加强,推进能源生产和消费革命,构建清洁低碳、安全高效的能源体系日趋紧迫。

实现能源革命，一方面要做好煤炭清洁高效利用，另一方面要提升清洁能源比重。清洁能源，即绿色能源，是指不排放污染物、能够直接用于生产生活的能源，包括核能、风能、太阳能、生物能等"可再生能源"。在新能源、可再生能源资源总量不足、对外依存度高等问题突出，以清洁能源保障稳定供应压力大的情况下，加快推动煤炭清洁利用已经成为必然选择。此外，核电作为稳定的清洁高效能源，相比于传统化石能源更环保、更经济，近年来技术进步显著，越来越安全且越来越高效。在我国当前调整能源结构、提高清洁能源比例的背景下，核电有越来越大的发展空间。

煤炭清洁利用技术又称为清洁煤技术，是指以煤炭洗选为源头、以煤炭高效洁净燃烧为先导、以煤炭气化为核心、以煤炭转化和污染控制为重要内容的技术体系，主要包括煤炭加工、煤炭高效洁净燃烧、煤炭转化等技术手段。我国一次能源生产和消费的60%左右都依赖煤炭，而且以煤炭为主体的能源结构在相当长一段时间内不会改变。长期以来，煤炭作为我国的主体能源和重要工业原料，为经济社会健康发展做出了突出贡献，但煤炭利用方式粗放、能效低、污染重等问题没有得到根本解决。因此，研究煤炭清洁利用具有重要的现实意义。

本书充分利用文献计量学和专利统计方法，综合分析全球煤炭清洁利用技术已经公开的科技文献和各国专利信息，根据技术发展趋势和态势，预测了未来煤炭清洁利用技术发展趋势，同时深度剖析具有普遍行业影响力的创新性技术，系统梳理了煤炭清洁利用技术发展脉络。

本书通过文献计量学的方法，从煤炭清洁利用技术领域年度发文量、文献类型、出版语言、出版机构、国家、作者、研究方向、期刊和高被引论文等角度，全面梳理了煤炭清洁利用技术的发展历程。近10年间,煤炭清洁利用技术领域论文数量逐年增加,中国、美国和印度在煤炭清洁利用技术领域发展迅速,研究单位多,发表论文数量居世界前列,在该领域投入大、产出多,具有一定的影响力。

本书通过专利信息统计分析方法,设计检索式及对所检索出的数据进行清洗加工,从全球专利申请量、法律状态、出版语言、技术研发地域、市场技术布局、主要竞争对手、发明人及研发团队等方面,对煤炭清洁利用技术的研究现状进行了分析。近10年间,煤炭清洁利用技术领域全球专利申请数量总体呈现上升趋势,尤其中国研究单位多、投入大,发表专利数量居世界前列,在该领域具有较大的影响力。在重要的专利权人中,除一些大型国有企业外,不乏一些新兴企业。

核电用钢是核电站设备制造中最为重要的材料,也是用量最大的关键结构材料。目前和未来核电站的核岛和常规岛中大部分部件均采用钢铁材料。例如,压水反应堆核电站中采用钢铁材料制造部件的成本占整套核电机组成本的83%,除核燃料包壳、控制棒驱动机构和蒸汽发生器传热管等部件采用锆合金和镍基合金外,其余设备均采用钢铁材料。核能的发展除新型核能技术的不断创新之外,与核电设备用材的更新换代也息息相关,更高性能、更长寿命的核电设备用材可以显著提升核能的利用效率、安全性。中国核电用钢的发展起步很晚,在中国核电处于探索阶段时,国内的核电用钢全靠进口,没有拥有自主产权的产品。随着国内钢铁技术的飞速发展及核电用钢标准体系的逐步建立、规范,目前我国核电用钢已经完全扭转过去被动落后的局面,正在朝着全球领先水平迈进。

本书从全球核电技术的发展开始,详细介绍了国内外核电的发展历程。按照核电的发展历程,逐一介绍了不同的反应堆的技术特点、工作原理,以及对于设备的要求等方面的内容,并着重介绍了第四代核电站技术。在归纳总结全球核电技术发展之后,聚焦于起步晚、发展快的国内核电技术领域,重点分析了中国核电发展概况、核电站的运营情况,总结了目前处于新时期的中国核电发展特点,并展望了未来的核电技术发展。

本书按照不同系列、反应堆内外不同服役位置等分类方法,对多种类型的核电用钢进行介绍,分析了国内核电用钢技术特点。通过梳理核电站一回路主管道、压力容器、蒸汽发生器、堆内构件等关键部件用钢的国产化进展情况,分析了国内新一代核电用材的发展现状和趋势。

在本书的撰写、出版过程中,我们得到了国家科技图书文献中心的大力支持,以及能源、化工、冶金、材料等领域诸多专家的精心指导和无私帮助,在此表示衷心的感谢。

由于时间仓促和编著者水平有限,书中难免存在错误、遗漏和不当之处,恳请广大读者和专家批评指正。

编著者

目 录

第1章 绪论 /1
  1.1 煤炭清洁利用技术简介 /1
    1.1.1 煤炭清洁利用技术的内涵 /2
    1.1.2 煤炭清洁利用技术分类 /3
    1.1.3 我国"煤炭清洁高效利用和新型节能技术"重点研发计划 /5
  1.2 文献计量学简介 /6
    1.2.1 文献计量学定义 /6
    1.2.2 文献计量学研究范围 /7
    1.2.3 文献计量学研究内容与研究方法 /7
    1.2.4 我国文献计量学的发展 /8
  1.3 专利信息学简介 /9
    1.3.1 专利信息学定义 /9
    1.3.2 专利信息学需求 /9
    1.3.3 专利信息学发展前景 /10
  1.4 本书研究内容与研究方法 /11

第2章 检索工具介绍 /12
  2.1 国家科技图书文献中心(NSTL)简介 /12
  2.2 国家知识产权局专利公布公告系统 /14
  2.3 美国专利商标局网站 /15

2.4 欧洲专利局网站 /16
2.5 万象云专利分析系统 /17
2.6 Web of Science 简介 /18
2.7 CNKI 文献系统简介 /19
2.8 ProQuest 文献简介 /21
2.9 ORBIT 专利系统简介 /22

第3章 基于文献计量统计分析全球煤炭清洁利用技术 /25

3.1 按年度发文量分析 /25
3.2 按文献类型分析 /26
3.3 按出版语言分析 /26
3.4 按出版机构和国家分析 /27
3.5 按作者和研究方向分析 /29
3.6 按期刊分析 /30
3.7 按高被引论文分析 /32
3.8 高被引论文介绍 /33
    3.8.1 从煤和生物质中合成天然气（SNG） /33
    3.8.2 化石燃料发电厂进行 CO_2 捕集与封存的成本和绩效 /34
    3.8.3 中国多环芳烃的排放 /34
    3.8.4 解决未来环境和运输问题，氢气具有潜在重要性 /35
    3.8.5 煤燃烧残留物对环境的影响 /35
    3.8.6 关于碳捕集技术的发展和 CO_2 利用的创新 /36
    3.8.7 烟气中汞氧化催化剂的调查 /37
    3.8.8 将粉煤灰作为环境友好的低成本吸附剂 /37

目录

　　　3.8.9　多环芳烃通过黄孢原毛平革菌进行生物降解　/ 38

　　　3.8.10　粉煤灰的多组分应用综述　/ 38

　　　3.8.11　直接碳燃料电池：基本原理和近期发展　/ 38

　　　3.8.12　通过生物修复作用，对重金属污染的土壤
　　　　　　进行改良　/ 39

　　　3.8.13　单维光子晶体的全向间隙和缺陷模型　/ 39

　　　3.8.14　中国生物能源之———秸秆的利用　/ 40

　　　3.8.15　用于发电的生物质燃烧炉　/ 40

　　　3.8.16　离子液体处理纤维素　/ 41

　　　3.8.17　关于燃料煤燃烧的概述——研究及技术
　　　　　　发展情况　/ 41

　　　3.8.18　将生物柴油作为运输燃料的重要性　/ 42

　　　3.8.19　粉煤灰应用的综述　/ 43

　　　3.8.20　燃煤电厂汞控制技术的审查　/ 43

　　　3.8.21　欧盟污水污泥在新旧方法中的应用　/ 44

　　　3.8.22　利用和处置陆地生态系统中的粉煤灰和
　　　　　　其他煤渣　/ 44

　3.9　小结　/ 45

第4章　基于专利信息统计分析全球煤炭清洁利用技术　/ 46

　4.1　专利检索及数据加工　/ 46

　　　4.1.1　检索式设计　/ 46

　　　4.1.2　数据清洗及加工　/ 47

　4.2　煤炭清洁利用技术领域全球专利分析　/ 48

　　　4.2.1　全球专利申请量分析　/ 48

　　　4.2.2　法律状态分析　/ 49

    4.2.3 市场及研发地域分析 / 50
    4.2.4 技术布局分析 / 54
    4.2.5 行业主要竞争对手分析 / 56
    4.2.6 发明人及研发团队分析 / 57
  4.3 重要专利权人及代表技术分析 / 59
    4.3.1 中国石油化工集团有限公司 / 59
    4.3.2 三菱重工业有限公司 / 63
    4.3.3 新日铁住金株式会社 / 67
    4.3.4 神华集团有限责任公司 / 70
    4.3.5 北京神雾环境能源科技集团 / 74
  4.4 小结 / 78

第5章 重点专利价值评估及保护范围剖析 / 80
  5.1 重点专利保护范围 / 80
    5.1.1 一种基于低阶煤热解水蒸气熄焦水煤气制氢的组合方法及系统 / 80
    5.1.2 燃煤锅炉烟气净化及余热回收处理系统及方法 / 81
    5.1.3 一种高钠煤分步脱钠净化方法 / 83
    5.1.4 一种碳燃料电池煤基燃料联合处理装置及其处理方法 / 84
    5.1.5 Apparatus of drying coal for coke oven and this method / 85
    5.1.6 一种用于电站锅炉煤渣燃烧的烟气余热回收装置 / 86
    5.1.7 一种具有尾气净化功能的环保锅炉 / 87

5.1.8 Control device, controller for the gasification device, and gasification composite power generation equipment / 90

5.1.9 气化工艺用重金属吸附剂的制备方法及气化工艺 / 90

5.1.10 一种环保洁净煤专用锅炉 / 91

5.2 小结 / 92

第6章 世界能源结构概述 / 94

6.1 能源的分类 / 94

6.2 能源结构 / 98

6.3 世界能源结构特征 / 98

第7章 全球核电技术发展 / 104

7.1 核电技术发展概况 / 104

7.1.1 轻水反应堆 / 105

7.1.2 重水反应堆（PHWR） / 108

7.1.3 气冷堆 / 109

7.1.4 快中子增殖堆（FBR） / 112

7.1.5 俄罗斯石墨沸水堆（RBMK） / 114

7.2 第三代核电站技术 / 115

7.2.1 第三代压水反应堆 / 116

7.2.2 第三代沸水堆 / 121

7.2.3 先进 CANDU 堆 / 123

7.3 第四代核能系统 / 124

7.3.1 氦气冷快堆（GFR）系统 / 126

7.3.2 铅合金液态金属冷却快堆（LFR）系统 / 126

7.3.3 液态金属钠冷却快堆（SFR）系统 /127

7.3.4 熔盐反应堆（MSR）系统 /128

7.3.5 超临界水冷反应堆（SCWR）系统 /128

7.3.6 超高温气冷反应堆（VHTR）系统 /129

第8章 国内核电发展 /130

8.1 中国核电发展概况 /130

8.1.1 核电探索阶段（20世纪70年代—1994年5月） /130

8.1.2 适度发展核电阶段（1996年6月—2005年12月） /131

8.1.3 积极推进核电发展阶段（2006年—2011年3月） /132

8.1.4 安全高效发展核电阶段（2011年3月至今） /132

8.2 中国核电站运营情况 /133

8.3 中国核电发展新时期特点 /144

8.3.1 坚持自主创新 /144

8.3.2 坚持走出去战略 /145

8.3.3 中国已步入世界核电发展前列 /146

第9章 核反应堆内关键钢铁材料 /147

9.1 按钢材构成划分反应堆内钢铁材料 /149

9.1.1 锰镍钼类低合金钢 /149

9.1.2 奥氏体不锈钢 /150

9.1.3 镍基合金钢 /152

9.1.4 碳钢/碳锰钢 /154

9.2 按服役位置划分反应堆内钢铁材料 /156

9.2.1　一回路管道用钢　/ 157
　　9.2.2　反应堆压力容器用钢　/ 157
　　9.2.3　堆内构件用钢　/ 158
　　9.2.4　蒸汽发生器用钢　/ 159
　　9.2.5　核级阀门用钢　/ 160
9.3　核电用钢技术特点　/ 161
9.4　核电关键部件用钢的国产化　/ 162
　　9.4.1　一回路主管道的国产化　/ 163
　　9.4.2　压力容器的国产化　/ 164
　　9.4.3　蒸汽发生器的国产化　/ 165
　　9.4.4　堆内构件的国产化　/ 166

参考文献　/ 167

第1章 绪 论

1.1 煤炭清洁利用技术简介

中国对煤炭的利用始于公元1080年，但是受制于运输，煤炭并没有成为中国社会的主要能源；经过约500年的发展，荷兰的碳泥成为其国家经济能源动力支柱，并建立了繁荣的帝国；又过了约300年，英国的煤炭利用使大英帝国取代荷兰成为世界霸主；在之后的50~70年的时间里，德国、美国及俄国的煤炭能源都为其经济发展提供了强大动力；1900年，美国煤炭生产量位居世界第一，奠定了国家工业化的基础。美国因此成为经济帝国霸主。如今，我国的能源构成仍以煤炭为主，并成为世界产煤第一大国。然而，日益严重的空气污染问题，使控制燃煤污染物成为我国当前亟待解决的重大环境问题，也是重要的社会问题，直接影响我国经济的可持续发展。煤炭的清洁燃烧成为当务之急。

十几年来，我国煤炭行业的发展一直呈上升趋势，但是，煤炭的开采、运输、利用和转化等方面存在的问题并没有得到根本解决，导致了一系列环境污染问题，雾霾、酸雨和温室气体等都与煤炭的燃烧有关，落后的利用技术使煤炭成为主要的污染源。目前，全国70%的烟粉尘排放、85%的二氧化硫排放、67%的氮氧化物排放都源于以煤炭为主的化石能源的燃烧。另外，煤炭在我国一次能源消费中约占

66%，煤炭消费总量约为 37 亿吨，占全球煤炭消费总量的 50% 左右，以煤为主的能源结构在未来一段时间内不会改变。因此，对我国而言，煤炭一方面是主要污染源，另一方面又是主要的能源提供者，在这种局面下，必须大力推广煤炭清洁利用技术，及时淘汰高能耗、高污染的煤炭生产工艺，更新先进的技术装备，从而建立起清洁、高效、节约的煤炭工业体系，保障经济社会的可持续发展。

1.1.1 煤炭清洁利用技术的内涵

煤炭作为一种能源，具有非常高的利用价值。然而，在对煤炭进行利用的过程中，会对自然生态环境造成一定程度的污染和破坏，这与可持续发展的理念相违背。因此，研究煤炭清洁利用对于促进煤技术的发展具有重要的现实意义。

煤炭清洁利用技术又称为清洁煤技术，简称 CCT。最初该技术的提出主要是为了从技术层面对煤炭燃烧过程中产生的环境污染问题进行解决，尤其是酸雨问题，并从经济层面对煤炭能源进行最大限度的利用。作为一种能源，煤炭的可利用性已经得到了世界各国的认可。CCT 被提出后，在极短的时间内得到了各国的关注。近年来，随着国际社会对能源安全研究的不断深入，能源安全这一概念的覆盖面越来越广，CCT 也逐步被纳入能源安全和环境保护的研究范畴。其内涵拓展到生产、加工、转化、燃烧、环保等多个方面，不再仅限于最初提出的高效利用和减少污染。

目前，业界一致认可且普遍接受的煤炭清洁利用的定义如下：以提高煤炭资源的利用效率和减少对自然生态环境的污染为宗旨，对煤炭进行生产、加工、燃烧、转化，并对有害的排放物进行控制。从该定义可以看出，煤炭清洁利用至少包括煤炭利用前、利用中和利用后 3 个方面的内容：①煤炭利用前的洗选、加工、转化等煤炭加工技术，如型煤技术、水煤浆技术、煤炭液化与气化技术等；②煤炭利用过程中的燃烧技术，如清洁发电技术，具体包括超临界机组、循环流化床等；③煤炭燃烧之后的烟气净化技术，如脱硫、脱硝、颗粒物控制等。

1.1.2 煤炭清洁利用技术分类

1. 先进脱硫技术

煤炭脱硫技术主要有 3 个方向：物理脱硫、化学脱硫和微生物脱硫。综合考虑成本和操作难度，常采用化学脱硫工艺，因为其既能保证脱硫效率，又能很好地控制成本，不足之处是需要定期清洗设备并检查设备内壁的腐蚀情况。其他两种脱硫工艺也在不断推广和应用，但是都有严重的不足。物理脱硫虽然成本较低，但是脱硫效率不高，容易造成煤炭资源的浪费；微生物脱硫工艺虽然脱硫效率较高，但是成本较高，不易进行大规模推广。各种煤炭脱硫工艺都会涉及很多不同的学科，因此，有必要开展结合各学科和相关工艺的研究，并把研究成果应用到生产实践中。在选择煤炭脱硫工艺时，应该先考虑成本和效率，再决定采用哪种工艺，当然，还要不断研究新的脱硫工艺，以满足新的技术需求。

总之，投资和运行费用少、脱硫效率高、脱硫剂利用率高、污染少、无二次污染的脱硫技术必将成为今后发展的主要趋势。

2. 低 NO_x 燃烧技术

低 NO_x 燃烧技术是在充分了解 NO_x 生成机理的基础上，控制煤炭的燃烧条件和方式，达到降低 NO_x 排放量的目的。现在比较常用的技术包括循环燃烧和分层控制燃烧。循环燃烧是把燃烧过的煤炭再次进行燃烧，以达到充分燃烧的目的，充分燃烧煤炭能够有效降低 NO_x 的排放量。分层控制燃烧是通过对煤炭进行分阶段燃烧，达

到有效控制 NO_x 排放量的目的。目前，利用这两种技术控制 NO_x 排放量的效果非常显著，但是在实际生产中，燃烧控制技术涉及众多学科和技术的结合，如果能够认真探索和研究，有望继续提升控制 NO_x 排放量的效果。

3. 先进脱硝技术

低 NO_x 燃烧技术虽然能够在一定程度上有效脱硝，但其效率不高，因此，有必要进一步研究脱硝工艺。常用的高效脱硝工艺是烟气脱硝法，烟气脱硝法有干法和湿法两大类，由于 NO_x 化学性质较为稳定，水溶性较差，所以，烟气脱硝一般采用干法，干法要使用相应的催化剂进行还原。未来脱硝技术的发展不外乎两大方向：一是减少 NO_x 的排放量，从源头上控制，减少污染；二是提高催化剂的活性，加快反应速度，提高单位时间的转化率。当然，这两个方向要结合研究。

4. 除尘技术

现在，多数火力发电企业都安装了除尘设备，除尘方法主要有静电除尘、湿法除尘等。静电除尘由于有较高的除尘效率和较低的成本，在安装除尘设备的企业中应用多。除尘主要是对煤炭燃烧后的烟气进行过滤，滤除其中的烟尘，可以进行循环除尘操作，即让煤炭燃烧产生的烟气反复通过静电除尘装置。在经过二次除尘后，一般除尘效率都可以达到 95% 以上，并且排放量会严格控制在国家标准内。今后主要研究的方向是如何更好地完成煤炭成型和除尘环节的衔接。

5. CO_x 回收技术

对于 CO_x 的回收，较为成熟的方法是煤气化技术。煤气化技术主要是通过煤炭燃烧前的分层控制燃烧来减少 CO_x 的产生，也可以

考虑对 CO_x 进行转化，例如，通过加工制成干冰，或者转化为低碳烃类，以便进一步制造高碳烃类（如汽油和喷气燃料）。但是相较于前者而言，后者的技术应用尚不成熟，还有许多问题需要解决，成本也较高。

6. 整体煤气化联合循环发电（IGCC）技术

IGCC 技术将煤气化技术、煤气净化技术与高效的联合循环发电技术相结合，在获得高循环发电效率的同时，解决了燃煤污染排放控制的问题，是极具潜力的洁净煤发电技术。目前，全国已有不少地区提出 IGCC 项目，并正在进行前期工作。虽然 IGCC 项目的建厂投资费用比较高，且发电效率不如超超临界机组，但 IGCC 技术在发电效率上仍有很大的提高空间，并且因其无法比拟的清洁性和资源综合利用优势，其在洁净煤发电技术中的地位仍然相当高。

此外，还有很多煤炭清洁利用技术尚在研究之中，先进的脱硫脱硝同步技术、先进的煤基近零排放多联产系统技术等一批先进技术也将逐步广泛地应用到洁净煤技术中，它们都将为区域经济发展和环境保护做出巨大贡献。

1.1.3 我国"煤炭清洁高效利用和新型节能技术"重点研发计划

依据《国家中长期科学和技术发展规划纲要（2006—2020 年）》，以及国务院《能源发展战略行动计划（2014—2020 年）》《中国制造2025》《关于加快推进生态文明建设的意见》等，科技部会同有关部门组织开展了《国家重点研发计划煤炭清洁高效利用和新型节能技术专项实施方案》编制工作，在此基础上启动煤炭清洁高效利用和新型节能技术专项 2016 年度项目。

专项总体目标如下：以控制煤炭消费总量、实施煤炭消费减量替代、降低煤炭消费比重、全面实施节能战略为目标，进一步解决和突破制约我国煤炭清洁高效利用和新型节能技术发展的瓶颈问题，全面提升煤炭清洁高效利用和新型节能领域的工艺、系统、装备、材料、平台的自主研发能力，取得基础理论研究的重大原创性成果，突破重大关键共性技术，并实现工业应用示范。

专项重点围绕煤炭高效发电、煤炭清洁转化、燃煤污染控制、二氧化碳捕集利用与封存（CCUS）、工业余能回收利用、工业流程及装备节能、数据中心及公共机构7个节能创新链（技术方向），部署了23个重点研究任务。

1.2 文献计量学简介

1.2.1 文献计量学定义

文献计量学的代表性定义有两种。其一，文献计量学是以文献体系和文献计量特征为研究对象，采用数学、统计学等计量方法，研究文献情报的分布结构、数量关系、变化规律和定量管理，进而探讨科学技术的某些结构、特征和规律的一门学科。其二，文献计量学是将数学和统计学方法运用于图书及其他研究领域的一门学科。两种定义虽然表述不同，但都表达了相同的思想，即文献计量学是采用数学、统计学等定量的方法，以文献体系和文献计量特征为研究对象，研究文献的分布规律、数量关系及文献之间的内在联系，从而揭示科学技术的某些规律、特征和结构的一门学科。随着网络的普及和应用，互联网信息与文献情报等传统概念相互交织，文献计量学的概念也在不断发展和延伸，出现了网络计量法、信息计量法和科学计量法等方法，在原有的基础上拓宽了文献计量学的研究领域。

1.2.2　文献计量学研究范围

我国文献计量学的应用范围很广,远远超出情报学、文献学、图书馆学的范围,涉及科学学、科技管理、科技史、人才学、预测学、未来学、历史学、社会学等许多学科领域。在具体专业学科领域的应用更广,至少有化学化工、农业科学、采矿冶金、建筑科学等 50 多个专业采用文献计量学的方法开展过应用研究。

具体来说,我国文献计量学研究基本包括八大主题:引文分析与核心期刊、集中与分散定律、文献统计与应用、文献计量学总论、引文分析方法、在科技预测与管理中的应用、在人才评价等方面的应用、文献增长与老化率。要特别指出的是,文献计量学的应用研究是其内容体系的重要组成部分,受到广大研究者的重视。其应用范围越来越广,除了图书情报领域,还广泛应用于科学学、科技管理、预测学甚至科学技术领域。

1.2.3　文献计量学研究内容与研究方法

文献计量学的研究内容体系是由它的研究对象和研究任务决定的,基本可以归纳为理论研究、方法研究、应用研究三部分。

理论研究既是文献计量学的重要内容,又是其基本任务之一,概括起来有如下几点:文献情报体系结构研究、文献情报流规律研究、文献情报数量关系研究和文献工作系统理论研究。

应用研究是文献计量学不可缺少的重要内容和发展方向,一方面,其包括应用方法和技术的研究,以改进现有的方法和探讨新的研究方法;另一方面,其包括文献计量学在各实际领域中的具体应用研究,以解决实际问题,开拓新的应用领域。

文献计量学的方法研究具有定量、移植和综合的特点,大多采用统计学、系统科学等自然科学中的方法。如果按照研究所依据的文献数据源和性质划分，有书目分析法、引文分析法等；如果按照研究手段划分，有文献统计分析法、数学模型分析法、系统分析法、矩阵分析法、网络分析法等。

1.2.4 我国文献计量学的发展

在我国文献计量学的发展过程中，来自不同学科的作者人数一直呈增加趋势。特别是自 20 世纪 90 年代以来，随着文献计量学教育事业的发展，一大批本科生、硕士生和博士生加入研究队伍，相继涌现出许多核心作者，为我国文献计量学的研究和发展增添了新的活力。目前，一个以中青年为主的文献计量学研究队伍已经基本形成。据统计，1964—2001 年，我国共有 1783 位作者在 225 种期刊上发表过文献计量学论文。这是一支人数不算少的作者队伍，且人数呈逐步上升的趋势，说明我国文献计量学的研究队伍已初具规模，并基本形成了一支骨干研究力量。

文献计量学与其他学科一样，研究是一种国际性的科学活动。因此，要发展我国的文献计量学，就必须重视国际学术交流与合作。事实上，我国学者很早就与国际学术界建立了交流关系，与国外著名的文献计量学专家 Garfield、Braun、Egghe、Rousseau 等都有联系；每两年召开一次的国际文献计量学、科学计量学、情报计量学研讨会，从第一届起就有国内学者赴会、参与国际交流；在国内举办的相关国际研讨会也是两年一次，每次会议都有国外代表参加研讨和交流。国际刊物 *Scientometrics* 是发表国际文献计量学研究成果的重要学术园地，1993 年，我国著名科学计量学家赵红州教授被聘为该刊的国际编委；《国外情报科学》《国外图书情报工作》等刊物发表了不少文献计量学方面的译文，正式出版了《科学计量学指南》《情报计量学引论》等译著，我国学者与美国、德国、比利时等国学者的合作研究有的已经开始，有的正在筹划中。这些都促进了我国学者与国外学者之间的相互了解和交流，有利于我们吸收、借鉴国外的成果和经验，从而推动我国文献计量学的全面发展。

1.3 专利信息学简介

1.3.1 专利信息学定义

专利信息学是利用计算机方法对专利信息进行分析，从而发现逐篇专利文献分析难以看出的关系和趋势的一门科学。这个术语的含义包括以下各种形式的专利信息分析：①专利情报，利用专利信息确定某机构的技术能力，并利用该情报制订技术发展战略中的策略；②专利地图，有时也称为空白区域图，利用已公开的专利数据绘制出与特定主题或新发明相关的领域的可视化图表等；③专利引证分析，在相同或完全不同的市场空间内，基于某机构的专利被另一家公司引证的情况进行的专利引证关系研究，其目的是大致确定专利的价值，或者更确切地说，确定潜在的许可伙伴或线索。

此外，专利信息学还包括对所获取的各种专利信息、专利情报等的深入分析和应用，其至少包括两层含义：一是对海量信息的收集和整理，也就是管理好数据；二是通过分析发现表象掩盖下的事实和规律，也就是用好数据。

1.3.2 专利信息学需求

不同专利信息用户的信息需求不尽相同。申请人和发明者的需求在于检索先进技术，查证发明的新颖性，从而提出新的专利申请；同时他们还有掌握其拥有的授权专利是否被侵权的需求。研究人员的需求在于查询专利信息，以避免重复研究。管理人员的需求在于开发专利信息资源，发现竞争者、合作者和技术提供者，确证技术发展趋势，挖掘新的商机。风险资本投资人员通过专利信息查询，利用"杠杆效应"选择其金融操作的目标。第三方中介通过获取专利信息选择技术卖家。专利信息用户的需求归纳起来主要包括以下几部分。

（1）整合专利信息资源。将尽量完备的各国专利信息资源整合在一个数据库中供用户使用，包括各主要国家的专利信息，以及同族专利信息、法律状态信息、专利权转让与受让信息、专利许可信息复审/诉讼与无效信息对比文献信息、对专利文献的技术评估信息等。

（2）专利信息翻译。语言障碍是终端用户对国外专利信息利用不足的一个主要原因，通过提供专利信息的在线翻译能提高我国用户对国外专利信息的使用程度。从全球视角来看，亚洲发展中国家的专利申请量飙升，对跨语言查询和自动翻译提出了越来越高的要求。

（3）专利分析。对专利信息的分析包括技术分析、竞争力分析、权利分析、引文分析、组合分析、聚类分析、重点技术领域的产业发展现状及前景分析等。

1.3.3 专利信息学发展前景

专利信息在全球的经济发展中起着关键作用，各种数据库和软件工具在很长一段时间内支撑着专利信息的应用和传播。专利信息学在此大背景下应运而生，吸引了越来越多的注意力，同时也面临着许多需要解决的课题，如日益增加的多语种的专利申请量；具有从自然科学到社会科学不同专业背景和知识结构的专利信息用户的多样性，包括技术人员、管理者、投资者等；从防御性的知识产权研究到利用专利信息挖掘新的技术空白点及商机。专利信息学是一个新兴的研究领域，专利信息源是构成专利信息学的物质基础，专利信息需求是专利信息学的实践对象，专利软件系统是专利信息学的研究工具。专利信息学的未来是挖掘隐藏的知识及其关联，通过语义网提供完备的专利信息检索，完善专利分析及评估，实现专利信息的智能化。

1.4 本书研究内容与研究方法

煤炭清洁利用技术是指以煤炭洗选为源头、以煤炭高效洁净燃烧为先导、以煤炭气化为核心、以煤炭转化和污染控制为重要内容的技术体系，主要包括煤炭加工、煤炭高效洁净燃烧、煤炭转化等技术手段，涉及煤炭高效发电、煤炭清洁转化、燃煤污染控制、二氧化碳捕集利用与封存、工业余能回收利用、工业流程及装备节能等科研方向。

本书利用文献计量学及专利信息学等方法，结合多角度（年度发文量、文献类型、出版语言、出版机构、国家、作者、研究方向、期刊）分析和高被引论文分析，对近半个世纪以来世界煤炭清洁利用技术的发展进行描述和分析，系统梳理煤炭清洁利用技术领域的高被引论文，帮助该领域的科技工作者充分了解煤炭清洁利用技术的发展轨迹和趋势，同时也可以为煤炭及其相关行业提供参考。

第 2 章 检索工具介绍

2.1 国家科技图书文献中心（NSTL）简介

国家科技图书文献中心（NSTL，简称"中心"）是根据国务院领导的批示，于 2000 年 6 月 12 日组建的一个虚拟的科技文献信息服务机构，成员单位包括中国科学院文献情报中心、工程技术图书馆、中国科学技术信息研究所、机械工业信息研究院、冶金工业信息标准研究院、中国化工信息中心、中国农业科学院图书馆、中国医学科学院图书馆、网上共建单位包括中国标准化研究院和中国计量科学研究院。NSTL 设办公室，负责科技文献信息资源共建共享工作的组织、协调与管理。

1. 宗旨目标

根据国家科技发展需要，采集、收藏和开发理、工、农、医各学科领域的科技文献资源，面向全国开展科技文献信息服务。其发展目标是建设成为国内权威的科技文献信息资源收藏和服务中心、现代信息技术应用的示范区、同世界各国著名科技图书馆交流的窗口。

2. 主要任务

统筹协调，较完整地收藏国内外科技文献信息资源，制定数据加工标准、规范，建立科技文献数据库。利用现代网络技术提供多层次服务，推进科技文献信息资源的共建共享，推动科技文献信息资源的深度开发和数字化应用，开展国内外合作与交流。

3. 网络服务系统

于 2000 年 12 月 26 日开通的网络服务系统是中心对外服务的一个重要窗口。该系统通过丰富的资源和方便快捷的服务满足广大用户的科技文献信息需求。2002 年，中心对该系统进行了改造升级。该系统的网管中心与各成员单位之间已建成 1000Mbps 宽带光纤网，实现了与国家图书馆、中国教育网（CERNET）、中国科技网（CSTNET）、原总装备部情报所的 100Mbps 光纤连接。在原有文献检索与原文提供的基础上，增加了联机公共目录查询、期刊目次浏览和专家咨询等新的服务。

4. 文献服务

文献服务是 NSTL 的一个主要服务项目，具体内容包括文献检索、全文提供、网络版全文、目次浏览、目录查询等。非注册用户可以免费获得除全文提供以外的各项服务，注册用户同时可以获得全文提供服务。

文献检索向用户提供各类型科技文献题录或文摘的查询服务。文献类型涉及期刊、会议录、学位论文、科技报告、专利标准和图书等，文种涉及中文、西班牙语、日语、俄语等。提供普通检索、高级检索、期刊检索、分类检索、自然语言检索等多种检索方式。

全文提供是在文献检索的基础上延伸的一项服务内容，根据用户的请求，以信函、电子邮件、传真等方式提供全文复印件。此项服务是收费服务项目，要求用户注册并支付预付款。

网络版全文提供 NSTL 购买的网络版全文期刊的免费浏览、阅读和下载功能。电子版图书的借阅服务是向部分西部个人用户提供的一个服务项目，用户需要申请授权，希望获得此项服务的用户需要填写《中国西部地区方正 Apabi 网上数字图书馆系统个人账户申请表》。

目次浏览提供外文科技期刊的目次页浏览服务，包括 NSTL 成员单位收藏的各文种期刊。用户可通过目次页浏览期刊的内容，查询相关文献，进而请求阅读全文。

目录查询提供西文期刊、西文会议、西文图书等文献类型的书目数据查询。通过该栏目，用户可及时了解文献的到馆情况。

5. NSTL 资源

经过十多年的建设和发展，NSTL 已经成为我国收集外文印本科技文献资源最多的科技文献信息机构，初步建成了面向全国的国家科技文献保障基地。拥有各类外文印本文献 26000 余种，其中，外文科技期刊 17000 余种、外文回忆录等文献 9000 余种。覆盖自然科学、工程技术、农业科技和医药卫生四大领域的 100 多个学科和专业。以国家许可、集团购买和支持成员单位订购等方式，购买开通网络版外文现刊近 12000 种、回溯数据库外文期刊 1500 余种、中文电子图书 23 万余册。

▶ 2.2 国家知识产权局专利公布公告系统

国家知识产权局（State Intellectual Property Office），原名中华人民共和国专利局（简称"中国专利局"）。1998 年，国务院机构改革，中国专利局更名为国家知识产权局，成为国务院的直属机构。国家知识产权局专利局为国家知识产权局下属事业单位。国家知识产权局将对专利申请的受理、审查、复审、授权，以及对无效宣告请求的审查业务委托给国家知识产权局专利局承担。

国家知识产权局专利公布公告系统中的数据包括自 1985 年 9 月 10 日以来公布公告的全部中国专利信息：①发明公布、发明授权（在 1993 年以前为发明审定）、实用新型专利（在 1993 年以前为实用新型专利申请）的著录项目、摘要、摘要附图及其更正的著录项目、摘要、摘要附图（2011 年 7 月 27 日及之后）和相应的专利单行本（包括更正）。②外观设计专利（在 1993 年以前为外观设计专利申请）的著录项目、简要说明、指定视图及其更正的著录项目、简要说明、指定视图（2011 年 7 月 27 日及之后），以及外观设计全部图形（2010 年 3 月 31 日及以前）或外观单行本（2010 年 4 月 7 日及之后）。③事务数据。国家知识产权局专利公布公告系统中的数据，可以按照专利的发明公布、发明授权、实用新型和外观设计 4 种分类进行查询。

2.3 美国专利商标局网站

美国专利及商标局（简称"美国专利商标局"，其英文为 United States Patent and Trademark Office，缩写为 PTO 或 USPTO）成立于 1802 年，是美国商务部下属的一个机构，主要负责为发明家和他们的相关发明提供专利保护、商品商标注册和知识产权证明等服务。

美国专利商标局网站是美国专利商标局建立的政府性官方网站，该网站向公众提供全方位的专利信息服务。美国专利商标局将自 1790 年以来的美国各种专利数据在其政府网站上免费供世界公众查询。该网站针对不同的用户设置了专利授权数据库、专利申请公布数据库、法律状态检索、专利权转移检索、专利基因序列表检索、撤回专利检索、延长专利保护期检索、专利公报检索及专利分类等。数据内容每周更新一次。

1. 专利授权数据库

目前，美国专利授权数据库收录了从 1790 年至最近一周美国专利商标局公布的全部授权专利文献。该检索系统包含的专利文献种类有发明专利、设计专利、植物专利、再公告专利、防卫性公告和依法注册的发明。

其中，1790—1975 年的数据只有图像型全文（Full-Image），可检索的字段只有 3 个：专利号、美国专利分类号和授权日期；1976 年 1 月 1 日以后的数据除了图像型全文，还包括可检索的授权专利基本著录项目、文摘和文本型的专利全文（Full-Text）数据，可通过 31 个字段进行检索。

2. 专利申请公布数据库

该数据库可供用户从 23 种检索入口检索自 2001 年 3 月 15 日以来公布的美国专利申请公布文献，同时，提供文本型和扫描图像型美国专利申请公布说明书，可供公众对美国专利申请公布说明书进行全文检索及浏览；专利申请公布说明书的起始号为 20010000001。

2.4 欧洲专利局网站

欧洲专利局（European Patent Office，EPO）是根据《欧洲专利公约》（EPC）成立的政府间组织，其主要职能是负责欧洲专利申请的审查、批准及欧洲专利授权公告后异议的审理及文献出版工作。1973 年，欧洲 16 个国家签订了《欧洲专利公约》，该公约于 1978 年正式生效，标志着欧洲建立了从申请到授权一体化的专利制度。《欧洲专利公约》为各成员国提供了一个共同的法律制度和统一授予专利的程序。审查程序采取早期公开、延迟审查和授权后异议制度。申请人在提出欧洲专利申请时，可以指定一个、几个或全部成员国，在授予欧洲专利后，该授权申请在成员国的生效还需要一个国内注册程序。《欧洲专利公约》仅对发明提供专利保护，专利权有效期为自申请日起的 20 年。目前，欧洲专利局成员国已达 38 个，其授权专利在 40 个欧洲国家生效（包括 38 个缔约国和 4 个延伸国，其中 2 个国家既是缔约国又是延伸国）。

欧洲专利局的专利情报检索系统由以下两部分构成：①手工检索系统。手工检索系统具有良好的基础，是一个具有 8 万多类目的专利分类目录，专供局内审查员使用。②电子计算机检索系统。电子计算机检索系统是在手工检索系统的基础上建立的，主机设在海牙，由 IBM4381-Q03 系统（运行速度为 400 万条指令/秒，内存为 24MB，外存是 10 台 3880 磁盘机，共 25000MB）和 IBM4381-P02 系统（运行速度为 270 万条指令/秒，内存为 16MB）组成。该系统设有 500 多台终端，分布在海牙、慕尼黑和柏林等地。联机检索方式只供局内和欧洲专利组织成员国使用。最主要的检索系统有馆藏目录系统（简称"INVE 系统"）和同族专利系统（简称"FAMI 系统"）等。数据库收录了 17 个国家专利局和国际组织自 1968 年以来公布的专利文献记录（包括国别、分类号、专利号、优先权项目和公布日期等），共 1720 万余条，不对公众开放。

2.5 万象云专利分析系统

万象云专利分析系统是一个先进的专利信息搜索及情报服务平台，用高质量的全球专利信息配以强大易用的专利搜索、分析和数据处理工具，为企业、院校、科研机构、知识产权代理和服务机构及政府职能部门等提供第一手的专利信息，是研发人员、专利工程师、市场分析与决策管理等人员搜集专利情报、构建专利情报库、开展专利挖掘分析并规划发展战略的必备工具。

在万象云专利分析系统中，不仅可以方便地查询自身所关注的各类专利技术和其中的重要技术，还能对这些专利技术进行筛选、加工和分析，从而获取关于技术细节、发展走向、侵权风险和应对策略等方面的深层次情报，并为自身的研发决策和市场战略制订提供相应的支持和辅助。

2.6 Web of Science 简介

美国科技信息研究所（Institute for Scientific Information，ISI）于1964年正式发行 Science Citation Index（SCI）。2000年，ISI 推出 ISI Web of Knowledge 学术信息资源整合体系，以 Web of Science（WoS）为核心。用户通过 WoS 可以直接访问 ISI 的三大引文数据库：Science Citation Index Expanded（SCIE）、Social Science Citation Index（SSCI）及 Arts&Humanities Citation Index（A&HCI）。

Web of Science 是全球最大、覆盖学科最多的综合性学术信息资源库，涵盖自然科学、社会科学、人文艺术、工程技术、生物医学领域的所有学科，WoS 数据库中的学术期刊都是经过严格遴选的，收录了全球9300种权威的、高影响力的学术期刊，数据可以一直回溯到1900年。利用 WoS 丰富而强大的检索功能——普通检索、被引文献检索、化学结构检索，可以方便快速地找到有价值的科研信息，既可以越查越旧，也可以越查越新，全面了解有关某一学科、某一课题的研究信息。多个学科数据库不仅能独立使用，还可以进行综合检索。

受语言限制，WoS 收录的英文期刊较多，如 SCIE 收录的中文期刊只有75种（2005年）。因此，WoS 检索范围以学科核心期刊为主，以英语文献为主。作为一个检索工具，WoS 反其他检索工具通过主题或分类途径检索文献的常规做法，设置了独特的"引文索引"（Citation Index），它整条收录并索引了论文引用的参考文献。基于这一特点，用户可以从一篇已知的论文出发，寻根溯源，追踪某课题的最新进展和发展趋势。

另外，WoS 数据库自带强大的分析工具，能帮助用户高效率地分析相关文献，研究某一课题的发展趋势，全面掌握该领域的信息。鉴于 WoS 数据库的强大功能，SCI 的引用对我国学术和科研方面的重要性越来越突出，现在已经成为一个客观的评价指标。

2.7　CNKI 文献系统简介

国家知识基础设施（National Knowledge Infrastructure，NKI）的概念，由世界银行于 1998 年提出。CNKI 工程是以实现全社会知识资源传播共享与增值利用为目标的信息化建设项目，由清华大学、清华同方发起，始建于 1999 年 6 月。CNKI 工程集团经过多年努力，采用自主开发并具有国际领先水平的数字图书馆技术，建成了世界上全文信息规模最大的"CNKI 数字图书馆"，并正式启动建设《中国知识资源总库》及 CNKI 网络资源共享平台，通过产业化运作，为全社会知识资源高效共享提供最丰富的知识信息资源和最有效的知识传播与数字化学习平台。

CNKI 数据库是 CNKI 工程的主体之一，是数字化最彻底的文本型全文数据库，其 90%以上的文献采用由期刊、图书、报纸等出版单位和博/硕士培养单位直接提供的纯文本数据，可深层次、多样化加工，可进行知识挖掘。CNKI 数据库依托 CNKI 知识网络服务平台（KNS 3.5）为用户提供网上信息检索服务。其主要产品体系有中国期刊全文数据库、中国期刊题录数据库、中国博/硕士论文全文数据库、中国重要报纸专题全文数据库、中国重要会议论文集数据库、中图科学引文数据库、中图科学计量指标数据库、中国专利数据库、图书数据库、多媒体教育资源库及其他专业知识类数据库。

从 1999 年 6 月"中国期刊网"创办起，CNKI 数据库就确定了网上包库、镜像站点、全文光盘 3 种基本用户服务模式。清华同方光盘股份有限公司又建成了全国十大"CNKI 数据库交换服务中心"（简称"CNKDC"）。因此，CNKI 数据库交换服务中心体系下的产品服务模式又可分为网上包库、镜像站点+CNKDC 数据日更新、全文光盘模式+CNKDC 题录摘要索引 3 种基本服务模式。

CNKI 数据库全文检索功能可分为基本检索、高级检索和专业检索。以下对基本检索和高级检索进行说明。

1. 基本检索

1）检索范围

层次范围：在题录、题录摘要、专题全文 3 个层次中选择检索。

内容和时间范围：同时检索若干年内若干个专题数据库。

2）初级检索

该方式适用于不熟悉多条件组合查询或 SQL 语句查询的用户。其特点是方便快速、执行效率高，但查询结果有很大冗余，会检索出一大批检索者不需要的结果。对于一些简单查询，建议使用该检索方式。其包括导航检索、篇名检索、作者检索、关键词检索、机构检索、中文摘要检索、中文刊名检索、年检索、期检索和全文检索等。

3）二次检索

对上述任何方式的检索结果，可以在结果中用新的检索词进行逐次逼近检索。

2. 高级检索

在浏览器基本检索界面中，提供多个检索词或检索项目的逻辑组合（与、或）检索。利用高级检索可进行快速有效的组合查询，优点是查询结果冗余少、命中率高。对于对命中率要求较高的查询，建议使用该检索方式。

2.8 ProQuest 文献简介

ProQuest 可提供期刊、报纸、参考书、参考文献、书目、索引、地图集、绝版书籍、记录档案、博士论文和学者论文集等各种类型的信息服务，采用网络、光盘、微缩胶片及印刷版等格式。内容和服务涉及艺术人文、社会科学、自然科学、科技工程及医学等领域。

2003 年 6 月，CALIS 管理中心代表国内 35 家图书馆与 ProQuest 公司签订了继续订购协议，这标志着 ProQuest 公司的数据库产品已经得到我国用户的广泛认可。这次协议订购内容包括学术研究图书馆（Academic Research Library，ARL）全文数据库、商业信息数据库和博硕士论文文摘数据库（人文社科版）。

学术研究图书馆（ARL）是专为大学图书馆和研究图书馆开发的综合性学术期刊全文图像数据库。它收录了 2831 种综合性期刊和报纸的文摘/索引（内含 Peer Reviewed 期刊 1502 种），其中，1955 种是全文期刊（内含 Non-Embargoed 全文期刊 1478 种）；被 SSCI 和 SCI 收录的期刊有 774 种。该数据库涵盖的学科包括商业与经济、教育、保护服务/公共管理、社会科学、历史、计算机科学、工程/工程技术、传播学、法律、军事、文化、医学、卫生健康及其相关科学、生物科学/生命科学、艺术、视觉与表演艺术、心理学、宗教与神学、哲学、社会学及妇女研究等领域。通过 ARL 数据库，用户可以检索到自 1971 年以来的文摘和自 1986 年以来的全文，且内容每日更新。

商业信息数据库全面覆盖重要的商业经济与管理学术期刊，深入报道影响全球商业环境和地区经济的具体事件。它收录全世界 2590 种商业期刊的文摘/索引（其中有超过 350 种在美国以外地区出版的英文刊物），其每一条记录有约 150 字的文摘，用户可对包括书目信息及其他如公司名、人名、地理名词等在内的 20 多个字段进行检索。ABI 数据库的回溯年限很长，用户可以从网上检索到自 1971 年至今的期刊，其中，被 SSCI 和 SCI 收录的期刊有 285 种。

博硕士论文文摘数据库，收录了欧美 1000 余所大学文、理、工、农、医等领域的 160 万篇博士、硕士论文的摘要及索引，每年约增加 4.5 万篇论文摘要。现已收录超过 160 万条记录，涵盖了从 1861 年获得通过的世界上第一篇博士论文（美国）到最近获得通过的博硕士论文信息。数据库中除收录与每篇论文相关的引文外，在 1980 年以后出版的博士论文信息包含了作者本人撰写的 350 字左右的文摘，在 1988 年以后出版的硕士论文信息含有 150 字左右的文摘。

2.9 ORBIT 专利系统简介

由美国系统发展公司（System Development Company，SDC）开发的 ORBIT 系统是仅次于 DIALOG 的国际联机检索系统。ORBIT 是 Online Retrieval of Bibliographic Information Time-Share 的缩写，意为文献信息分时联机检索。该系统通过卫星通信网络为世界各地的用户服务。为了保持竞争地位，ORBIT 也收集了各专业领域的信息源，在专利、化学、能源、工程和电子学领域的信息更为齐全。

近年来，其竞争策略有所改变，主要致力于提供一些 DIALOG 没有的数据库，例如，在专利方面，它常年为用户提供 WPI 和 U.S. Patent 等，又将美国专利数据库 USPA 和 USPB 合并成一个数据库 USPM，避免用户跨文档检索。其他商情数据库包括 ACCOUNTANTS（会计文献索引）、CHEMQUEST（化工产品市场信息）、MMA（管理与销售学文摘）和 MICROSEARCH（微机产品信息库）等。ORBIT 拥有较先进的软件技术，向全世界 2 万多终端用户提供联机检索、联机订购原文、定题检索、回溯检索和建立私人文档等服务，每周的服务时间超过 125 小时。

ORBIT 约有 120 个文档、0.6 亿篇文献，约占世界机读文献总量的 25%，每月更新 20 万篇，约有 20 个文档与 DIALOG 系统相重。ORBIT 系统涵盖了从 19 世纪以来 99 个国家、地区或专利机构的近 8000 万件专利文献、超过 4000 万件可检索的专利家族数据、超过 2000 万件专利附图，欧洲、美国、日本的数据与官方同步更新，中国、韩国、印度等的数据延迟一周更新。系统包含多个数据库，其中核心数据库如下。

（1）FAMPAT 数据库：以发明为基础的世界同族专利数据库（实时更新）。

（2）FULLPAT 数据库：以发明为基础的世界国别专利数据库（实时更新）。

（3）全文数据库：以发明为基础的世界国别全文专利数据库（实时更新）。

（4）日本法律状态数据库：以发明为基础的法律状态数据库（实时更新）。

（5）外观专利数据库：以外观设计为基础的国别专利数据库（实时更新）。

另外，ORBIT 对全文信息、插图信息的精确定义，在法律诉讼数据方面的集成都使其能够较好地满足专利审查员的专利审查需求。然而，ORBIT 也存在一些不足，如其没有采取数据补充措施检索式不够灵活等。

第 3 章
基于文献计量统计分析全球煤炭清洁利用技术

▶ 3.1 按年度发文量分析

第一篇关于煤炭清洁利用技术的文献发表于 1968 年，随后文献数量呈指数增长。20 世纪 60 年代到 80 年代，年均发文量为 13.9 篇；1991—2010 年，年均发文量为 117.1 篇，较之前呈增长态势，但仍保持较低水平；2010 年之后，相关论文数量急剧增加，并保持着相对较高的发文量。如图 3-1 所示为煤炭清洁利用技术领域的发文数量，由此可见，越来越多的人关注煤炭清洁利用技术方面的研究。

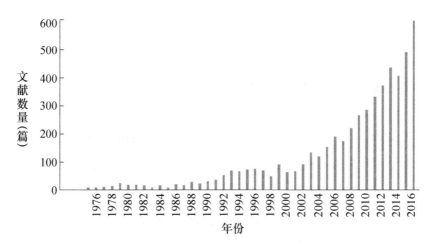

图 3-1　煤炭清洁利用技术领域的发文数量

3.2 按文献类型分析

煤炭清洁利用技术领域的相关论文共涉及 14 种文献类型，包括研究论文、会议论文、综述、摘要、新闻等。由图 3-2 可知，该领域论文绝大部分是以研究论文的形式发表的，论文数量达到 4401 篇。另外，会议论文、综述、摘要等类型的论文均超过 100 篇，这些论文也具有较高的参考价值。

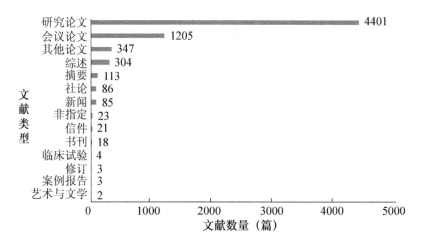

图 3-2　煤炭清洁利用技术领域的文献类型

3.3 按出版语言分析

在 Web of Science 数据库中，煤炭清洁利用技术领域的相关论文共涉及 14 种语言（见图 3-3），包括英语、中文、韩语、俄语、西班牙语、日语、波兰语、德语、法语、葡萄牙语、土耳其语、匈牙利语、意大利语等。其中，用英语发表的论文有 4406 篇，占总发文量的 79.22%，远远超过其他语种，占绝对优势。原因可能如下：①英语是一种世界性语言,在学者和科研人员之间的学术交流中被作为工作语言;②Web of Science 是美国的数据库,收录的期刊以英文为主。其次是中文,论文数量是 650 篇,占比为 11.69%。之后是俄语,论文数量是 235 篇,所占比例是 4.2%。

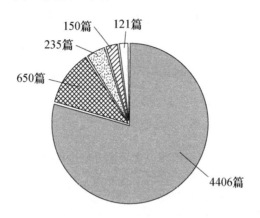

图 3-3　煤炭清洁利用技术领域文献的出版语言

3.4　按出版机构和国家分析

煤炭清洁利用技术文献涉及的出版机构有 1094 个,国家/地区有 62 个,分布非常广泛,说明该项研究已经引起世界众多机构和国家的关注。本书按文献数量统计了排在前 10 位的相关机构和国家,如表 3-1 所示。这些机构主要集中在中国、美国和印度 3 个国家,其中,中国有 5 家,美国有 3 家,印度有 2 家。在 Top 10 机构中,高校有 6 所,这反映高校具有雄厚的科研实力,是该研究领域的主力军,其次是国家实验室及该领域的政府部门。从文献数量来看,发文数量超过 100 篇的是中国科学院、中国矿业大学和美国能源部,分别是 158 篇、141 篇和 118 篇,表明这 3 家机构在该领域研究成果较多，投入较大；50～100 篇的有印度科学与工业理事会、印度伊利诺伊理工学院、清华大学；40～50 篇的有美国国家能源技术实验室、华北电力大学、中国科学院大学和美国肯塔基大学。从篇均被引频次来看，被引频次超过 20 次的有美国国家能源技术实验室和美国能源部，分别为 29.23 次和 25.78 次，远高于其他机构，说明这两家机构发表的论文质量高、国际影响力大；11～20 次的有中国科学院、印度科学与工业理事会、印度伊利诺伊理工学院、清华大学、中国科学院大学、肯塔基大学；10 次以下的有中国矿业大学和华北电力大学。

表 3-1　煤炭清洁利用技术文献涉及的出版机构和国家 Top 10

排名	机构	文献量（篇）	篇均被引频次（次）	国家	文献量（篇）	篇均被引频次（次）
1	中国科学院	158	17.82	中国	1702	7.94
2	中国矿业大学	141	6.79	美国	838	18.19
3	美国能源部	118	25.78	印度	284	12.68
4	科学与工业理事会（印度）	98	12.32	日本	246	15.4
5	伊利诺伊理工学院（印度）	63	13.38	波兰	168	6.11
6	清华大学	62	19.58	英格兰	157	16.1
7	国家能源技术实验室（美国）	44	29.23	土耳其	154	14.02
8	华北电力大学	43	4.37	澳大利亚	141	23.31
9	中国科学院大学	43	16.53	加拿大	134	18.61
10	肯塔基大学（美国）	41	13.22	德国	134	8.71

通过分析可知，中国和美国在煤炭清洁利用技术领域发表论文的数量居世界前列。从文献数量来看，大致可将这些国家分为 3 个层次，第一层次（800 篇以上）国家包括中国和美国；第二层次（200～

800篇）国家有印度和日本；第三层次（100~200篇）国家有波兰、英格兰、土耳其、澳大利亚、加拿大和德国。这10个国家的发文数量占Web of Science数据库收录的相关论文总量的72.24%。从篇均被引频次来看，最高的为澳大利亚（23.31），其次是加拿大（18.61）、美国（18.19）、英格兰（16.1）、日本（15.4），高于其他国家，说明这5个国家所发论文水平较高，颇受学者的重视，在该领域的学术交流中发挥了重要作用。

3.5 按作者和研究方向分析

煤炭清洁利用技术文献涉及的作者共有3919名，表3-2统计了发文量排名前十的作者，由统计结果可知，Anonymous发表的论文最多，为102篇，其次为Nozawa S（27篇）、Zhang J（24篇）、Jin HG（23篇）、Liu J（22篇），发文数量均在30篇以下。

煤炭清洁利用技术领域共涉及211个研究方向，表3-2统计了排名前十的研究方向，由结果可知，工程研究方向所占比例远高于其他学科，是该领域的重点研究方向；能源燃料和环境生态科学是其主要研究方向。其中，工程研究方向共有论文3119篇，占总发文量的57.06%，主要研究的是煤炭深加工、污染物减排控制和催化剂问题。能源燃料研究方向共有论文2575篇，占总发文量的47.11%，主要研究的是煤炭高效燃烧和清洁利用问题。环境生态科学研究方向共有论文2265篇，占总发文量的41.44%，主要研究的是煤炭利用产生的环境和经济效益问题。值得强调的是，矿业与矿物加工研究方向于1968年发表了本领域最早的一篇文献，而排名前三的研究方向均起源于20世纪70年代。

表 3-2　煤炭清洁利用技术文献涉及的作者和研究方向 Top 10

排名	作者	文献量（篇）	百分比（%）	研究方向	文献量（篇）	百分比（%）
1	Anonymous	102	1.87	工程	3119	57.06
2	Nozawa S	27	0.49	能源燃料	2575	47.11
3	Zhang J	24	0.44	环境生态科学	2265	41.44
4	Jin HG	23	0.42	商业经济学	1152	21.08
5	Liu J	22	0.4	化学	982	17.97
6	Liu Y	21	0.38	矿业与矿物加工	723	13.23
7	Zhang L	21	0.38	材料科学	578	10.57
8	Zhao YM	21	0.38	公共环境职业健康	566	10.36
9	Marechal F	20	0.37	科学技术	560	10.25
10	Wang J	20	0.37	农业	460	8.42

3.6　按期刊分析

煤炭清洁利用技术文献涉及的期刊共有 766 种，排名前十的期刊（见表 3-3）所发文献量占总发文量的 14.80%，从数量来看，排名第一的是 *Fuel* 期刊，文献量大约是排名第二的期刊 *Energy* 的两倍，且只有 *Fuel* 的文献量在 100 篇以上，远高于其他期刊，较为集中地刊登了煤炭清洁利用技术领域的研究成果。从篇均被引频次来看，被引频次较多的有 *Energy Policy*（33.1 次）、*Fuel*（23.09 次）、*Applied Energy*（17.69 次）、*Fuel Processing Technology*（16.4 次）、*Energy*（15.97 次），由此可见，*Energy Policy* 和 *Fuel* 这两种期刊有很强的行业影响力，得到了业内学者的广泛认可。从影响因子来看，*Applied Energy* 最高，其影响因子为 7.18，排名前十的期刊平均影响因子为 3.8。除了 *Energy Sources Part A Recovery Utilization and Environmental Effects*、*Journal of China Coal Society* 和 *International Journal of Coal*

第 3 章 基于文献计量统计分析全球煤炭清洁利用技术

Preparation and Utilization，其他 7 种期刊在其 JCR®类别下均属于 Q1 分区。

表 3-3 煤炭清洁利用技术涉及的期刊 Top 10

排名	前十期刊	文献量（篇）	百分比（%）	篇均被引频次（次）	影响因子	分区	JCR®类别
1	*Fuel*	181	3.31	23.09	4.6	Q1	Energy & Fuels
2	*Energy*	92	1.68	15.97	4.52	Q1	Energy &Fuels
3	*Fuel Processing Technology*	87	1.59	16.4	3.75	Q1	Energy & Fuels
4	*Applied Energy*	81	1.48	17.69	7.18	Q1	Energy &Fuels
5	*Journal of Cleaner Production*	72	1.32	10.15	5.72	Q1	Engineering
6	*Energy Fuels*	69	1.26	13.29	3.09	Q1	Engineering
7	*Energy Policy*	67	1.23	33.1	4.14	Q1	Energy & Fuels
8	*Energy Sources Part A Recovery Utilization and Environmental Effects*	58	1.06	2.05	0.53	Q4	Energy & Fuels
9	*Journal of China Coal Society*	53	0.97	3.51	—	—	—
10	*International Journal of Coal Preparation and Utilization*	49	0.9	5.35	0.67	Q4	Energy & Fuels

3.7 按高被引论文分析

从表 3-4 可以看出，截至 2017 年 12 月，在排名前十的高被引论文中，有 4 篇来自美国，其余 6 篇分别来自印度、希腊、加拿大、澳大利亚、土耳其和瑞士。从数量来看，美国煤炭清洁利用技术研究领域的科研实力居世界前列。从被引频次来看，排名第一的为印度 Ahmaruzzaman M 在 2010 年发表的关于粉煤灰利用的综述性文章，题为"*A review on the utilization of fly ash*"，已经被引用了 633 次，可见该文章一经发表，就引起了相关领域专业人员的广泛关注，说明粉煤灰的利用是当时的热点课题。排名第二的是美国 Pavlish JH 在 2003 年发表的题为"*Status review of mercury control options for coal-fired power plants*"的文章，引用频次为 583 次。排名第三的是希腊 Zabaniotou A 在 2008 年发表的题为"*Utilization of sewage sludge in EU application of old and new methods*"的文章，引用频次为 513 次。从出版时间来看，自 1980 年以来，煤炭清洁利用技术在印度、美国和加拿大等国家受到广泛重视，并得到迅速发展。我国在此方面起步较欧美晚，但经过十几年的发展，通过提高大型项目的技术水平，淘汰落后产能，在煤炭的高质、高效利用方面也取得很大的技术突破。

表 3-4 煤炭清洁利用技术涉及的高被引论文 Top 10

排名	前十文章	被引频次（次）	作者	来源	年份
1	*A review on the utilization of fly ash*	633	Ahmaruzzaman M	India	2010
2	*Status review of mercury control options for coal-fired power plants*	583	Pavlish JH	USA	2003

续表

排名	前十文章	被引频次（次）	作者	来源	年份
3	Utilization of sewage sludge in EU applica- tion of old and new methods	513	Zabaniotou A	Greece	2008
4	Utilization And Disposal of Fly-Ash And Other Coal Residues In Terrestrial Ecosystems	471	Adriano DC	USA	1980
5	Caspase cleavage of keratin 18 and reorganization of intermediate filaments during epithelial cell apoptosis	463	Caulin C	CA	1997
6	Ionic liquid processing of cellulose	440	Rogers RD	USA	2012
7	An overview on oxyfuel coal combustion-state of the art research and technology development	424	Wall T	Australia	2009
8	Importance of biodiesel as transportation fuel	415	Demirbas A	Turkey	2007
9	Separation and capture of CO_2 from large stationary sources and sequestration in geological formations - Coalbeds and deep saline aquifers	396	White CM	USA	2003
10	Production of synthetic natural gas (SNG) from coal and dry biomass	384	Schildhauer TJ	Switzerland	2010

3.8 高被引论文介绍

3.8.1 从煤和生物质中合成天然气（SNG）

本文作者为 Kopyscinski J、Schildhauer TJ、Biollaz SMA。发表在期刊 *Fuel* 上，出版年：2010，卷：89；期：8；页：1763-1783。

文章提出通过 CO_2 捕集与封存技术减少温室气体的技术方法。

在20世纪70年代，人们已经开发了许多煤炭甲烷化方法，包括固定床和流化床甲烷化。同时，其他的工艺流程，特别是生物质的转化正在进一步研发中。虽然煤系统通常会涉及高压冷气清洁，但基于生物质的系统具有较小的单元尺寸，需要不同的气体清洁策略。此外，由于固有的高温，绝热固定床中催化剂难以保持长期的稳定性，乙烯含量较少成为一项巨大的挑战，生物质气化炉可以产生高浓度的甲烷气体就是范例。本文介绍了20世纪六七十年代利用煤炭生产天然气，以及人们开始从煤炭和生物质中合成天然气。

3.8.2　化石燃料发电厂进行CO_2捕集与封存的成本和绩效

本文作者为 Rubin ES、Chen C、Rao AB。发表在期刊 *Energy Policy* 上，出版年：2007；卷：35；期：9；页：4444-4454。

文章介绍了在化石燃料发电厂捕集与封存（CCS）CO_2的技术分析。CCS 的成本和绩效估计是能源和政策分析的关键因素。对 CCS 成本研究进行一系列技术和经济假设，往往会显著影响结果。因此，对分析师来说，某一项特定的研究的价值有限，研究人员和从业人员不断寻求可替代案例。通过对粉煤（PC）工厂、天然气联合循环（NGCC）工厂和综合气化联合循环（IGCC）系统的用煤进行调查，使用建模工具可以发现更多的关键假设，进而对其进行广泛分析。研究发现，近期资本成本对天然气价格上涨、工厂利用率差异、IGCC 融资和经营假设、工厂规模变化和燃料质量均有影响。研究结果显示，由于最近资本和运营成本的升级，电厂和 CCS 的成本都有所增加。

3.8.3　中国多环芳烃的排放

本文作者为 Xu SS、Liu WX、Tao S。发表在期刊 *Environmental*

Science & Technology 上，出版年：2006；卷：40；期：3；页：702-708。

据估计，2003年，中国的总PAHs排放量为25300吨。在多环芳烃各种来源中，生物质燃烧、国内煤炭燃烧和焦化行业分别占总排放量的60%、20%和16%。人均排放总量、排放密度、排放强度和排放量都有地域性差异。一般来说，东南部省份的排放密度较高，而西部和北部地区排放强度较高。近20年来，能源消耗不断增加，但PAHs的人均排放量忽高忽低，因为其主要取决于国内煤炭消费量、焦炭产量和能源利用效率情况。

3.8.4　解决未来环境和运输问题，氢气具有潜在重要性

本文作者为Balat和Mustafa。发表在期刊 *International Journal of Hydrogen Energy* 上，出版年：2008；卷：33；期：15；页：4013-4029。

文章提出，在世界范围内，特别是在工业化国家和发展中国家中，空气污染是最严重的公共卫生问题。机动车排放影响着城市空气的质量，而氢气可以作为清洁能源减少机动车排放。氢气不是能源，不是可以从自然界中自由获取的能源，而是一种次要形式的能量，需要像电一样制造，它是一个能量载体。氢气在低排放、环境友好、清洁和可持续方面具有战略意义。氢气的燃烧产物是清洁的，由水和少量的氮氧化物组成。氢气作为运输燃料具有非常特殊的性质，包括较快的燃烧速度、高辛烷值、无毒性，并且可以形成臭氧。在空气中，氢气具有比甲烷和汽油更宽的可燃性极限范围。氢气已经成为主要的运输燃料，并且是在清洁煤、化石燃料、核能和大型可再生能源的混合物中产生的。

3.8.5　煤燃烧残留物对环境的影响

本文作者为Carlson CL、Adriano DC。发表在期刊 *Journal of*

Environmental Quality 上，出版年：1993；卷：22；期：2；页：227-247。

本文介绍了处理和利用煤燃烧残渣对环境产生的影响。相比于其他燃煤废物，文中主要说明了飞灰和底灰对环境的影响。灰处理对陆地生态系统的主要潜在影响如下：潜在有毒物质浸入土壤和地下水，造成破坏；增加整个食物链中潜在有毒元素的流动性和积累。垃圾填埋场和沉淀池中的灰处理可以通过灰池流出物和地表径流直接影响邻近的水生生态系统，并通过渗流和地下水污染间接影响邻近的水生生态系统。其主要影响通常与水化学变化有关，包括 pH 值和潜在有毒元素浓度的变化。使用灰土进行土壤修复，可以改善土壤质地和持水能力，增加土壤的 pH 值，提高土壤肥力。然而，它也可能导致可溶性盐浓度过高、有毒微量元素浓度增加；降低土壤中 N 和 P 的浓度和可用性。洗涤剂污泥和流化床燃烧废物也可用于土壤修复，但由于碱度高、盐度高，也可能产生一些问题。

3.8.6 关于碳捕集技术的发展和 CO_2 利用的创新

本文作者为 Markewitz P、Kuckshinrichs W、Leitner W、Linssen J、Zapp P、Bongartz R、Schreiber A、Muller TE。发表在期刊 *Energy & Environmental Science* 上，出版年：2012；卷：5；期：6；页：7281-7305。

碳捕集与封存（CCS）技术的目的是捕获和存储大量 CO_2。应用物理或化学的方法，从有限的 CO_2 流量中产生价值，开发更好和更有效的化学工艺，减少 CO_2 排放。本文介绍了 CCS 技术在效率、能源消耗和技术可行性 3 个方面的现状，以及 CCS 在能源供应链中效率和结构的关系。

3.8.7 烟气中汞氧化催化剂的调查

本文作者为 Presto AA、Granite EJ。发表在期刊 *Environmental Science & Technology* 上，出版年：2006；卷：40；期：18；页：5601-5609。

将汞元素（Hg）氧化成氧化汞（Hg^{2+}），进一步进行湿式烟气脱硫（FGD），可以有效除汞。FGD 不能去除 Hg，但由于其在水中的溶解度，容易除去 Hg^{2+}。研究主要针对以下 3 类催化剂：选择性催化还原催化剂、碳基材料，以及金属和金属氧化物。本文公布了每种类型催化剂的调查结果，并介绍了在各种情况下可能存在的反应机理。我们认为未来该领域的研究应重点关注以下两个方面：确定反应机理和动力学原理；寻找更具成本效益的催化剂和支撑材料。

3.8.8 将粉煤灰作为环境友好的低成本吸附剂

本文作者为 Wang SB、Wu HW。发表在期刊 *Journal of Hazardous Materials* 上，出版年：2006；卷：136；期：3；页：482-501。

粉煤灰是火力发电厂、钢铁厂等产生的废弃物。由于粉煤灰有利于减轻环境负担，增加经济效益，因而引起了公共事业和工业的广泛关注。本文概述了将粉煤灰作为低成本吸附剂除去空气和水系统中的污染物的技术可行性。很多研究使用粉煤灰代替活性炭或沸石来吸附 NO_x、SO_x、有机化合物、空气中的汞，以及水中的阳离子、阴离子、染料和其他有机物质。人们认为，粉煤灰可以成为去除各种污染物的吸附剂。在经过化学处理后，粉煤灰对水和气体的清洁更为有效。调查结果还显示，粉煤灰中未燃烧的碳组分在吸附中起着重要作用。

3.8.9　多环芳烃通过黄孢原毛平革菌进行生物降解

本文作者为 Bumpus JA。发表在期刊 *Applied and Environmental Microbiology* 上，出版年：1989；卷：55；期：1；页：154-158。

本文证明了白腐菌黄孢原毛平革菌具有降解蒽油（从煤焦油获得的蒸馏产物）中的多环芳烃的能力。对菌类限制营养元素 N，并与至少存在 22 种多环芳烃的蒽油一起进行培养，27 天后，进行毛细管气相色谱和高效液相色谱分析。结果表明，多环芳烃减少了 70%～100%。

3.8.10　粉煤灰的多组分应用综述

本文作者为 Blissett RS、Rowson NA。发表在期刊 *Fuel* 上，出版年：2012；卷：97；页：1-23。

在能源生产过程中，煤炭燃烧产生粉煤灰。过去，应用工业副产品粉煤灰，作为一种处理废物的可持续方法受到人们的广泛关注。本文讲述了粉煤灰作为原料的应用：作为农业中的土壤改良剂、用于玻璃和陶瓷的制造、生产沸石及介孔材料、合成地聚合物、作为催化剂和催化剂载体、用作气体和废水处理的吸附剂及金属的萃取。本文通过考察分离技术生产的中空微球、富碳、磁性球、细灰产品和粗灰产品，分析粉煤灰对多阶段工艺的影响。还对这些粉煤灰衍生产品的应用进行了概述。不论是原始的粉煤灰，还是精炼后的粉煤灰，其潜在的利用价值都很大。建议通过加工粉煤灰创造新的产业协同效应。

3.8.11　直接碳燃料电池：基本原理和近期发展

本文作者为 Cao DX、Sun Y、Wang GL。发表在期刊 *Journal of*

Power Sources 上,出版年:2007;卷:167;期:2;页:250-257。

直接碳燃料电池是一种特殊的高温燃料电池,它直接将固体碳作为阳极和燃料。作为发电厂的发电机,其具有比熔融碳酸盐和固体氧化物燃料电池更高的转化效率(80%),并且比常规燃煤发电厂排放更少。更重要的是,含碳量较高的固体燃料(如煤、生物质、有机垃圾)更容易获得。本文总结了关于熔融盐中碳的电化学氧化的一些基础研究结果,还论述了直接碳燃料电池的配置和性能的最新发展。

3.8.12 通过生物修复作用,对重金属污染的土壤进行改良

本文作者为 Park JH、Lamb D、Paneerselvam P、Choppala G、Bolan N、Chung JW。发表在期刊 *Journal of Hazardous Materials* 上,出版年:2011;卷:185;期:2;页:549-574。

土地是重要的利用和处理废物的方式之一,人们认为,土壤中的金属(胶体)元素主要通过被植物吸收和动物转化的方式进入食物链。随着公众逐渐意识到污染的土壤对人类和动物健康的影响,人类开始重视修复污染的土地。生物修复是一种依靠土壤微生物和高等植物降低土壤污染物浓度的自然过程,并且可通过加入有机改土剂来提高生物利用度。大量的有机改土剂,如粪便堆肥、生物固体和城市固体废物被用作营养源,可以改善土壤的物理性质并提供肥料。本文探讨了有机改土剂可以增强生物降解金属(胶体)能力的作用机理,并讨论了土壤中金属(胶体)的螯合作用和生物利用度的实际意义。

3.8.13 单维光子晶体的全向间隙和缺陷模型

本文作者为 Wang LG、Chen H、Zhu SY。发表在期刊 *Physical*

Review B 上，出版年：2004；卷：70；期：24。

在由两种单负材料组成的一维光子晶体（1DPC）中发现了一种新型的全向间隙。这种全向间隙与布拉格间隙相反，其特性（间隙的中心频率和宽度）是对入射角和光偏振不敏感，并且不随长度的变化而变化。这种全方向的间隙是由倏逝波的相互作用造成的。当引入缺陷层时，在全向间隙内出现缺陷模型，其光谱位置几乎与入射角和尺寸无关。

3.8.14　中国生物能源之一——秸秆的利用

本文作者为 Zeng XY、Ma YT、Ma LR。发表在期刊 *Renewable & Sustainable Energy Reviews* 上，出版年：2007；卷：11；期：5；页：976-987。

中国是一个农业大国，拥有世界上最丰富的秸秆资源，2002年的秸秆产量超过6.2亿吨，占农村生计能源消耗的33%～45%。秸秆作为高效、合理的能源，不仅满足了经济发展对能源的需求，也为中国社会的环境保护和可持续发展提供了基础。本文论述了目前中国已经实现商业化的秸秆生物能源利用技术，包括改良炉、沼气、秸秆气化、秸秆压块等。还提出了其他技术，如液化、秸秆碳化和生物煤。

3.8.15　用于发电的生物质燃烧炉

本文作者为 Yin C、Rosendahl LA、Kaer SK。发表在期刊 *Progress in Energy and Combustion Science* 上，出版年：2008；卷：34；期：6；页：725-754。

作为可再生和环保的能源，生物质（任何有机非化石燃料）及其利用在全球范围内发挥着越来越重要的作用。层燃是生物质燃烧进行热电生产的主要技术之一，因为它可以燃烧各种不同含水率的燃料，并且需要较少的燃料准备和相对简单的处理过程。本文总结了炉排锅炉中生物质燃烧的现有知识：燃烧系统的关键因素及其进展、重要的燃烧机理、最新技术突破、最迫切的问题、目前研究与开发进展，以及未来需要解决的关键问题。另外，本文详细讨论了燃烧生物质、主要污染物的形成与控制、沉积与腐蚀及建模和计算流体动力学（CFD）模拟的所有问题，其他技术（如流化床燃烧和悬浮燃烧）也在一定程度上被提及，主要用于比较，以更好地说明生物质炉排燃烧的特殊特征。

3.8.16 离子液体处理纤维素

本文作者为 Wang H、Gurau G、Rogers RD。发表在期刊 *Chemical Society Reviews* 上，出版年：2012；卷：41；期：4；页：1519-1537。

由于煤和油等不可再生资源的消耗和过度利用，天然聚合物的利用受到人们的广泛关注。纤维素是地球上最丰富的生物可再生材料，对其进行绿色加工对可持续发展和环境保护至关重要。研究发现，纤维素可以在离子液体（IL，熔点低于100℃的盐）中溶解，这为加工这种生物聚合物提供了新方向，然而还有许多基本和实际的问题需要解决。其中一个显而易见的问题就是关于纤维素在溶解过程中与IL的阳离子和阴离子的相互作用。调查表明，阴离子和纤维素之间的相互作用在纤维素溶剂化过程中起着重要作用，但是阳离子在其中起着相反的作用。本文还评估了IL处理生物质的绿色性和可持续性，其中，阳离子和阴离子的选择至关重要。

3.8.17 关于燃料煤燃烧的概述——研究及技术发展情况

本文作者为 Wall T、Liu YH、Spero C、Elliott L、Khare S、Rathnam

R、Zeenathal F、Moghtaderi B、Buhre B、Sheng CD。发表在期刊 *Chemical Engineering Research & Design* 上,出版年:2009;卷:87;期:8A;页:1003-1016。

对于未来的煤清洁利用技术,人们认为 CO_2 主要由氧燃料燃烧进行捕集。本文对澳大利亚和日本的含氧燃料进行可行性研究,并对其科研工作及进展进行概括总结。该研究对现有知识做出了若干贡献,包括综合评估了中试规模的炼油炉中的燃油燃烧,通过匹配换热修正了氧气改造的设计标准,建立了一种能准确预测氧燃烧炉中气体发射率的新型灰色气体模型;首次对煤在实验室及中试规模的空气和氧气中的反应进行了测量比较,预测在燃烧中观察到的火焰点火延迟。

3.8.18 将生物柴油作为运输燃料的重要性

本文作者为 Demirbas A。发表在期刊 *Energy Policy* 上,出版年:2007;卷:35;期:9;页:4661-4670。

石油储量的稀缺使可再生能源更具吸引力。为满足人们日益增长的需求,最可行的方法就是利用替代燃料。生物柴油被定义为植物油或动物脂肪的单烷基酯。在柴油发动机中,生物柴油是代替柴油燃料的最佳选择。相比于汽油和石油柴油,生物柴油更为环保。其燃烧产物涉及的污染物与石油柴油类似,另外,生物柴油的效率可能比汽油更高。一种用于压燃式发动机的生物柴油表现出巨大的发展潜能。生物柴油主要由大豆、油菜籽和棕榈油制作而成,具有较高的热值(HHV)。

生物柴油的价格是石油柴油的两倍以上。在其生产过程中,原料是成本消耗的主要因素,约占总成本的 80%。生物柴油的高价在很大程度上是由于原料价格高昂。

CO_2 进行捕获和地质封存。此外，稳定 CO_2 大气浓度的最佳方法是将 CO_2 封存在地质层组中，这需要提高发电和利用效率、使用碳强度较低的燃料，以及增加对核能和可再生能源的利用。

3.8.19 粉煤灰应用的综述

本文作者为 Ahmaruzzaman M。发表在期刊 *Progress In Energy And Combustion Science* 上，出版年：2010；卷：36；期：3；页：327-363。

在能源生产过程中，人们认为煤炭燃烧产生的粉煤灰是引起环境污染的工业副产品。全球对粉煤灰带来的环境问题进行了大量的研究。本文论述了粉煤灰在施工中的应用，如作为一种低成本的吸附剂吸附有机化合物、烟气、金属；又可作为轻质骨料、矿山填充物、路基及合成沸石。大量的研究围绕利用粉煤灰吸附 NO、SO、有机化合物和空气中的汞、水中的染料和其他有机化合物展开。人们发现粉煤灰是一种可以去除各种污染物的有前景的吸附剂。在化学和物理活化后，粉煤灰的吸附能力可能会增加。粉煤灰在建筑行业也具有很大的潜力。粉煤灰转化成为沸石后有很多用处，如离子交换、分子筛和吸附剂。将粉煤灰转化为沸石，不仅可以解决粉煤灰处理带来的问题，而且可以将废弃物转化为有价值的商品。调查结果还显示，在吸附作用中，粉煤灰中未燃烧的碳成分有重要作用。

3.8.20 燃煤电厂汞控制技术的审查

本文作者为 Pavlish JH、Sondreal EA；Mann MD 等。发表在期刊 *Fuel Processing Technology* 上，出版年：2003；卷：82；期：2-3；页：89-165。

本文概述了有关燃煤电厂汞控制技术的研究情况，并确定了需要额外研究和开发的领域。相关内容包括测量出的汞排放量，化学法转化和控制的汞，有前景的控制技术的研究进展，吸附剂注入、湿式洗涤器控制和煤炭清洗、汞控制的成本。

3.8.21 欧盟污水污泥在新旧方法中的应用

本文作者为 Fytili D、Zabaniotou A。发表在期刊 *Renewable & Sustainable Energy Reviews* 上，出版年：2008；卷：12；期：1；页：116-140。

欧盟在处理个别国家和实体企业的城市污水方面已经取得了一定进展。目前，欧盟对污水污泥的处理更多的是针对农业利用、废物处理场、土地开垦和恢复、焚烧等新用途。选择的地域反映了当地或整个国家的文化、历史、地理、法律、政治和经济环境，灵活程度因国而异。在任何情况下，污泥处理和处置应始终被视为废水处理的组成部分。污泥的用途广泛，可以充分利用其能量或化学成分。本文旨在调查污泥处理已有的方法及未来的趋势，主要集中在热工艺（如热解、湿氧化、气化）和在水泥制造中作为共燃料的应用上。

3.8.22 利用和处置陆地生态系统中的粉煤灰和其他煤渣

本文作者为 Adriano DC、Page AL、Elseewi AA 等。发表在期刊 *Journal of Environmental Quality* 上，出版年：1980；卷：9；期：3；页：333-344。

本文总结了各种煤燃烧的残留物对土地利用和处置的影响。煤灰的物理化学性质取决于煤的地质来源、燃烧条件、微粒去除效率和最终处置前的风化程度。施用于农田的煤渣并不提供植物必需的营养素 N、P 和 K；然而，它们可以为土壤有效地补充供应 Ca、S、B、Mo 和 Se。粉煤灰也可以有效地中和并修正土壤酸度。人们发现，粉煤灰对土壤的化学和生物效应大多是由于 Ca^{2+} 和 OH^- 的活性增加而产生的。特别是美国西部的次烟煤和褐煤，其组成中未被风化的粉煤灰含量很高，通常会导致土壤盐分偏高。在粉煤灰对土壤的修正过程中，B、Mo、Se 和可溶性盐的积累，似乎成为将粉煤灰施用于土壤的最主要的限制因素。

3.9 小结

通过本章的内容，相关研究人员可以从年度发文量、文献类型、出版语言、出版机构、国家、作者、研究方向、期刊和高被引论文等角度更方便地了解煤炭清洁利用技术的发展历程。

自 1968 年以来，该领域论文数量逐年增加，近 10 年变化尤为明显，呈指数增长趋势。论文大多以研究论文的形式发表，占比为 80%；其次是会议论文，只占 22%。80% 的文献使用的语言是英语，其次是中文和俄语。刊载本领域文章数量排在前五的期刊有 *Fuel*、*Energy*、*Fuel Processing Technology*、*Applied Energy* 和 *Journal of Cleaner Production*。出版机构主要集中在中国、美国和印度 3 个国家，并且这 3 个国家的发文量同样居世界前三，而加拿大、澳大利亚和美国所发论文质量高、国际影响力大。

综上所述，煤炭清洁利用技术已受到世界各国的高度重视，中国、美国和印度在煤炭清洁利用技术领域发展迅速，研究单位多，发表论文数量居世界前列，在该领域投入大、产出多，具有一定的影响力。此外，加拿大和澳大利亚虽然在论文数量上表现一般，但是其所发论文质量高，也具有较高的参考价值。

第4章 基于专利信息统计分析全球煤炭清洁利用技术

4.1 专利检索及数据加工

4.1.1 检索式设计

基于专利分析数据库,通过设计专业检索式,实现煤炭清洁利用技术相关专利的精确检索,具体检索式如下:

(1)题目/摘要=(煤炭 and 清洁)or Coal clear;

(2)题目/摘要/权利要求/发明目的=煤炭综合利用 or 清煤 or 煤气清洁 or 煤制油 or 煤制烯烃 or 煤制乙二醇 or 煤制气;

(3)题目/摘要/权利要求/发明目的=煤 and(净化 or 清洁 or 综合利用);

(4)题目/摘要/权利要求/发明目的=coal and (purification or clean+ or utilization or gas clean or oil or olefins or glycol);

(5)题目/摘要/权利要求/发明目的=(煤 or coal) and IPC=(C10L-009+ or C10B-053+ or F23J-015+ or B01D-053+);

(6)题目/摘要/权利要求/发明目的=(煤 or coal) and IPC=(C10+ and B01D+)。

将以上6个检索式检索结果合并,全部专利数据经过系统自动剔除重复得到检索结果。需要说明的是，检索数据截止日期为2018年5月底。

说明：在检索式中，and 表示"和"，or 表示"或"，+表示后缀省略，IPC=C10+表示包括 C10 大类下的全部 IPC 分类。表 4-1 中列举了煤炭清洁利用技术相关专利的 IPC 分类号及其含义。

表 4-1　煤炭清洁利用技术相关专利的 IPC 分类号及其含义

B01D-053	气体或蒸气的分离；从气体中回收挥发性溶剂的蒸气；废气，如发动机废气、烟气、烟雾、烟道气或气溶胶的化学或生物净化
C10B-053	专用于特定的固态原物料或特殊形式的固态原物料的干馏
C10J-003	由固态含碳燃料通过包含氧气或水蒸气的部分氧化工艺制造含一氧化碳和氢气的气体，如合成气或煤气
C10L-009	为改进燃烧对固体燃料进行的处理
C10L-005	固体燃料
F23J-015	处理烟或废气的配置
C10G-001	由油页岩、油砂或非熔的固态含碳物料或类似物，如木材、煤，制备液态烃混合物
C02F-001	水、废水或污水的处理
C10B-057	其他的炭化或炼焦工艺过程；一般的干馏工艺的特性
C10L-001	液体含碳燃料

4.1.2　数据清洗及加工

专利数据清洗是指将检索出来的数据进行格式规整，便于后续计算机处理，同时还要进行有关去重、合并、提取、删除等操作，从源头上保证采集的样本数据准确无误，为后面进行准确的专利分析奠定基础。此时检索出来的样本数据还不能直接进行专利分析，因为样本数据中包含很多噪声，数据格式并不规整，反映的信息还不够全面，这时需要人工介入，将样本数据进行去重、标引、字段拆分、信息提取等操作。

4.2 煤炭清洁利用技术领域全球专利分析

专利分析（Patent Analysis）是统计学、科学计量学、文献计量学及信息科学等多学科交叉形成的一个应用学科，是将专利情报的技术内容集成化、数据化，然后进行加工和分析，识别有效的、新颖的、潜在有用的，以及最终可理解的知识的过程。通过对专利信息的分析和解读，可以帮助相关人员了解行业和技术发展趋势、研究核心技术和关键技术点、掌握竞争公司和发明人、把握技术演变和技术预测、了解国内外技术动态、发现和开发空白技术、开展技术合作、技术转让及侵权和纠纷的权利分析，从而制定企业的专利战略。

4.2.1 全球专利申请量分析

专利技术一般分为萌芽期、成长期、成熟期与衰退期。检索发现，截至 2018 年 4 月，全球范围内煤炭清洁利用技术共计 106227 项专利家族。图 4-1 梳理统计了历年专利申请状况（除专利地域布局以外，如无特殊说明，本文分析均以专利家族为基准）。

分析图 4-1 中的数据可知，1998—2016 年，煤炭清洁利用技术领域全球专利申请数量总体呈现上升趋势。1998—1999 年，专利年均申请数量保持在 1000 项以下；自 2000 年开始，煤炭清洁利用技术领域专利申请数量超过 1000 项，具体为 1043 项；此后在 2000—2005 年呈现逐年递增的趋势；2006 年专利申请数量超过 2000 项，2008 年超过 3000 项，2011 年超过 4000 项，2012 年超过 5000 项，2013 年超过 6000 项，2014 年和 2015 年分别超过 7000 项和 8000 项。

第4章 基于专利信息统计分析全球煤炭清洁利用技术

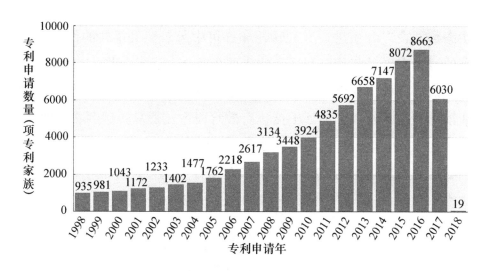

图 4-1　1998—2018 年全球专利申请数量趋势

从以上数据不难看出，自 1998 年以来，煤炭清洁利用技术领域相关专利申请数量逐年增加，尤其近年来增加速度越来越快，2012 年以来每年增加 1000 项左右（不同年份增加数量不同）。这说明在全球范围内，针对煤炭清洁相关技术的开发、应用研究越来越多，研究成果产出数量增加明显。根据目前的行业发展趋势可以预见，在未来一段时间内，煤炭清洁利用技术将进一步加快发展，专利产出数量将进一步增加。

需要说明的是，鉴于专利数据的公开具有一定的迟滞性，2017 年和 2018 年的数据仅供参考，不作为分析的依据，统计数据截止日期为 2018 年 5 月 31 日。

4.2.2　法律状态分析

专利法律状态数据是指根据专利法和专利法实施细则的规定在出版的专利公报中公告的法律信息，包括专利的授权、专利权的终止、专利权的无效宣告等，是专利权法律性的突出表现。专利法律状态数据在专利引进、专利转让和许可中起着至关重要的作用，专利的授权率也是衡量专利质量的重要指标之一。分析图 4-2 可知，在申请、授权、放弃、过期和撤销 5 个专利法律状态中，目前煤炭清洁利用技术相关专利处于授权有效阶段占比最高，达到 28.62%，数量为 30126 项，其次为过期专利，数量占比达到 28.51%，放弃驳回的专利数量占比为 23.54%，目前尚处于申请中的专利申请数量占比为 13.19%，主动撤销专利数量占比为 6.14%。

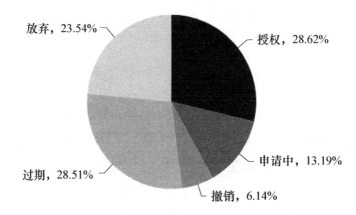

图 4-2 煤炭清洁利用技术领域专利法律状态

通过以上数据可以得出，在煤炭清洁利用技术领域，大量专利已经过期，与目前获得授权的专利数量大致相当；被驳回或放弃的专利数量占比接近 1/4，说明在煤炭清洁利用技术领域取得专利创新的技术成果难度在加大。

4.2.3　市场及研发地域分析

根据专利申请布局规律，一般来说，专利申请人在某个国家或地区范围内提交专利申请，说明其有意在该国家或地区寻求专利行政保护，获取市场利益。因此，通过专利地域布局分析，在一定程度上能够反映专利申请人或持有人对所在地域市场的重视

第4章 基于专利信息统计分析全球煤炭清洁利用技术

情况,基于此,通过分析专利布局的现状能够预测未来区域市场竞争态势。

图4-3列举了煤炭清洁利用技术领域专利公开数量最多的前10个国家/地区/组织,从图中可知,自1998年以来,在全球范围内,煤炭清洁利用技术领域专利申请数量最多的国家为中国(不含香港、澳门、台湾地区,下同),达到64164项,其次为美国(16458项)、日本(14832项)、德国(9160项)、英国(8823项),其他国家或地区略少。由此不难看出,目前最受专利申请人或持有人重视的煤炭清洁利用技术市场为中国,专利申请数量比排名2~7名的全部国家或地区的总和还多,可见中国市场受到极大的重视。此外,美国和日本市场也是专利申请人或持有人重视的市场,两个国家的专利申请数量均超过10000项以上。

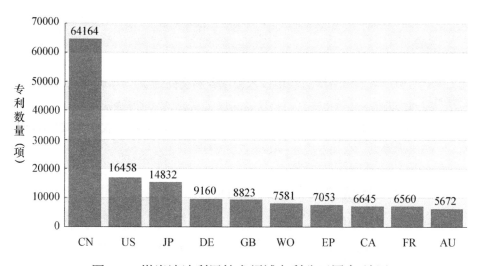

图4-3 煤炭清洁利用技术领域专利公开国家/地区

注:横坐标表示国家代码,纵坐标表示专利数量(项);其中,CN表示中国(不含港、澳、台地区,下同),US表示美国,JP表示日本,DE表示德国,GB表示英国,WO表示世界知识产权组织,EP表示欧盟,CA表示加拿大,FR表示法国,AU表示澳大利亚。

如图 4-4 所示为 2008—2018 年不同国家或地区在不同年份申请的专利数量，从时间跨度上来看，煤炭清洁利用技术领域在 2016 年之前专利公开国家/地区覆盖中国、美国、日本、德国、英国、世界知识产权组织、欧洲等。2008—2017 年，在中国的专利申请数量迅速增长，而同期其他国家的申请趋势没有明显变化，尤其是在 2011 年后增长幅度最为明显。

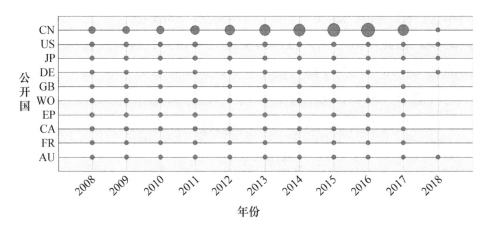

图 4-4　煤炭清洁利用技术领域专利公开国家/地区情况

注：横坐标表示专利申请年，纵坐标表示国别代码，其中 CN 表示中国，US 表示美国，JP 表示日本，DE 表示德国，GB 表示英国，WO 表示世界知识产权组织，EP 表示欧盟，CA 表示加拿大，FR 表示法国，AU 表示澳大利亚。

通过专利申请的最早优先权国可以了解企业最早提交专利申请的国家，进而分析国家或地区的创新情况。通过分析本领域近 10 年的专利申请（见图 4-5）可以发现，中国作为最早优先权国的专利申请共有 60005 项，占排名前 10 的优先权专利总量的 87%，其次为美国的 13040 项和日本的 9368 项。此外，将世界知识产权组织作为最早优先权国的有 6189 项，德国有 5675 项，英国有 4611 项，法国有 3117 项，韩国有 2373 项。

第 4 章　基于专利信息统计分析全球煤炭清洁利用技术

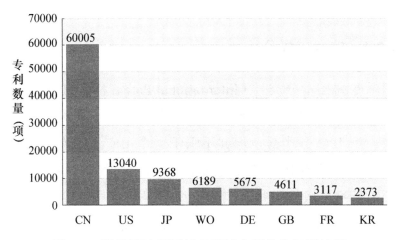

图 4-5　煤炭清洁利用技术领域专利优先权国情况

注：横坐标表示国家代码，纵坐标表示专利数量（项）；其中 CN，表示中国（不含港澳台地区，下同），US 表示美国，JP 表示日本，WO 表示世界知识产权组织，DE 表示德国，GB 表示英国，FR 表示法国，KR 表示韩国。

通过分析图 4-6 可知，本领域技术专利申请的最优先权国家主要分布在中国、美国、日本和德国。在中国则分布非常集中，主要集中在 2011—2016 年，申请数量逐年递增。此外，在美国和日本这两个主要优先国中申请的高峰期主要集中在 2011—2015 年。

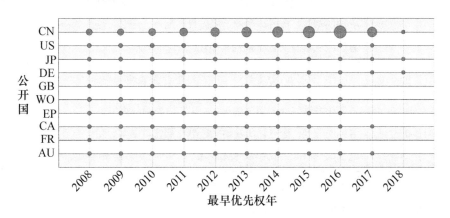

图 4-6　煤炭清洁利用技术领域专利研发地点的变化情况

4.2.4 技术布局分析

国际专利技术分类号（International Patent Classification，IPC）是专利文献扉页中专利审查员赋予专利的技术分类号，一个专利至少有一个 IPC 分类号，但并不限于一个 IPC 分类号。它是目前唯一国际通用的专利文献分类和检索号，是世界各国专利局都采用的国际标准，虽然一些国家或组织制定了自身的专利分类系统，如美国专利商标局（USPTO）制定的 UPC 专利分类号、欧洲专利局（EPO）制定的 ECLA 分类号，但它们同时也提供了 IPC 分类号，我国专利也采用了 IPC 技术分类号体系。分析 IPC 分类号，可以为了解产业技术热点和不同技术竞争对象的研发方向提供有效的途径。表 4-2 给出了煤炭清洁利用技术领域不同 IPC 分类号的具体含义。

表 4-2 煤炭清洁利用技术领域专利申请的 IPC 分类号含义及数量

IPC 分类号	该组包括内容	专利数量（项）
B01D-053/50	硫氧化物气体或蒸气的分离；从气体中回收挥发性溶剂的蒸气；废气，如发动机废气、烟气、烟雾、烟道气或气溶胶的化学或生物净化	2429
C10L-009/10	用添加剂为改进燃烧对固体燃料进行的处理	1799
B01D-053/86	催化方法气体或蒸气的分离；从气体中回收挥发性溶剂的蒸气；废气，如发动机废气、烟气、烟雾、烟道气或气溶胶的化学或生物净化	1594
B01D-053/56	氮氧化物气体或蒸气的分离；从气体中回收挥发性溶剂的蒸气；废气，如发动机废气、烟气、烟雾、烟道气或气溶胶的化学或生物净化	1589

第4章 基于专利信息统计分析全球煤炭清洁利用技术

续表

IPC 分类号	该组包括内容	专利数量（项）
C10L-001/32	由煤—油悬浮液或水乳液所组成的不包含在其他类目中的燃料；天然气；不包含在C10G或C10K小类中的方法得到的合成天然气；液化石油气；在燃料或火中使用添加剂；引火物	1477
B01D-053/78	利用气—液接触气体或蒸气的分离；从气体中回收挥发性溶剂的蒸气；废气，如发动机废气、烟气、烟雾、烟道气或气溶胶的化学或生物净化	1429
C10B-053/04	粉煤的专用于特定的固态原物料或特殊形式的固态原物料的干馏	1411
C10B-053/02	油页岩或沥青岩的专用于特定的固态原物料或特殊形式的固态原物料的干馏	1331

图 4-7 中列举了部分煤炭清洁利用技术领域专利申请 IPC 分布数量，根据不同 IPC 技术专利数量，可知排在前 3 位的分类是

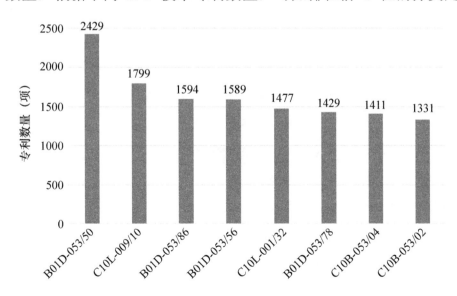

图 4-7 煤炭清洁利用技术领域专利申请 IPC 分布数量（前 8 位）

B01D-053/50、C10L-009/10 和 B01D-053/86，专利申请数量分别为 2429 项、1799 项和 1594 项，占所有申请专利数量的 2.29%、1.69%、1.52%，其余分类专利申请数量差距并不明显。可见，在专利 IPC 小组分类中，煤炭清洁利用技术分布相对宽泛，相关技术覆盖多个技术方向。

4.2.5 行业主要竞争对手分析

通过分析煤炭清洁利用技术领域主要专利申请人，能够更加明晰产业主要市场竞争单位或个人，帮助我们更加直观地认识该产业现状，有助于选择合作伙伴或者及时关注竞争对手，为自身发展提供信息支撑。

图 4-8 列举了煤炭清洁利用技术领域专利申请数量最多的前 8 位申请人。需要说明的是，为了便于统计对比，所选申请人全部为独立申请人，该申请人的控股子公司或其母公司并不包括在内。

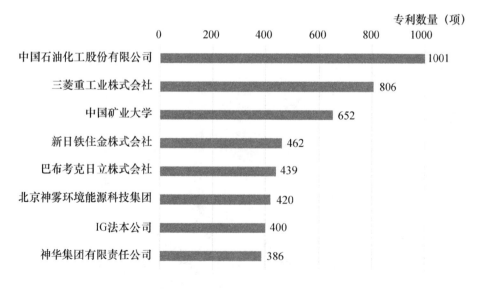

图 4-8 煤炭清洁利用技术领域专利权人情况

从图 4-8 中可知，在前 8 位申请人中，中国石油化工股份有限公司申请的煤炭清洁利用技术相关专利数量最多，达到 1001 项，占煤炭清洁利用技术领域全部专利申请数量的 0.94%，其次为三菱重工业株式会社，专利申请数量为 806 项，占煤炭清洁利用技术领域全部专利申请数量的 0.76%；中国矿业大学排名第三位，共计申请相关专利 652 项，其他依次为新日铁住金株式会社、巴布考克日立株式会社、北京神雾环境能源科技集团、IG 法本公司和神华集团有限责任公司，专利申请数量均在 500 项以下，神华集团有限责任公司最少，专利申请数量为 386 项。

在煤炭清洁利用技术专利申请数量最多的 8 位申请人中，共计有 7 家企业单位，1 家高校，即中国矿业大学，可见该学校在相关技术领域的研发成果产出相对较多；此外，在 7 家企业中，中国石油化工股份有限公司专利申请数量最多，在行业内产出成果较多，但是从专利数量占比分析，其技术在行业内并不具有相对垄断性，专利技术在多个申请人中分布相对均匀，技术集中度较低。北京神雾环境能源科技集团以国内工程业务起家，逐步通过技术研发产出多项煤炭清洁利用技术成果，在行业内取得不俗的成绩。

4.2.6 发明人及研发团队分析

发明人分析在专利分析中具有非常重要的作用，以发明人为研究入口，不仅可以针对单个发明人展开分析，明确其擅长的主要研究技术领域，还可以了解该领域的主要研发人员或研发团队，从而获得有益的技术信息。由图 4-9 可知，在煤炭清洁利用技术领域专利发明人中，排名第一位的技术专家为吴道洪，申请量为 878 项，排名第二位的为薛逊，共计申请 233 项；第三位为王伟 224 项，其他依次为丁力 197 项、柳伟 170 项、曹志成 165 项、李军 152 项、张顺利 115 项。由以上数据不难看出，排名第一位的吴道洪申请数量远超过后续发明人，技术研发成果产出较多。

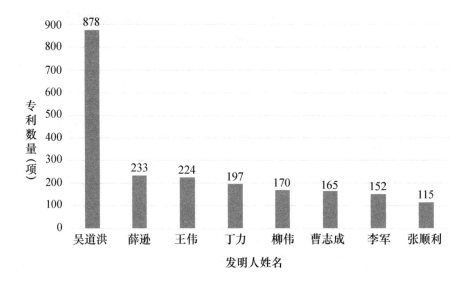

图 4-9　煤炭清洁利用技术领域专利发明人排行榜

经过数据统计发现，在煤炭清洁利用技术专利撰写数量排名前 8 位的发明人中，吴道洪、薛逊、丁力、张顺利 4 位为神雾环境能源科技集团员工，显示了该公司技术研发人员在煤炭清洁利用技术领域较高的研发产出效率。此外，柳伟和李军来自中国石油化工股份有限公司，王伟来自淮南矿业（集团）有限责任公司，曹志成来自江苏省冶金设计院有限公司。前 8 位申请人均来自中国，一方面，说明在煤炭清洁利用技术领域，中国的研发人员产出成果确实相对比较多；另一方面，也说明中国研发人员在相关技术领域申请专利保护的意识在增强。

图 4-10 列举了自 2008 年以来煤炭清洁利用技术领域专利发明人（前 8 位）逐年提交的专利申请数量，从图中可知，在专利提交

数量最多的前 8 位申请人中，近年来专利申请数量呈现增多趋势，其中排名第一位的发明人吴道洪 2013 年专利申请量超过 50 项，2015 年以后专利申请量急剧增加，在 2016 年甚至达到 500 多项，增长幅度非常明显；薛逊、张顺利和曹志成 3 位发明人均在 2010 年以后才申请煤炭清洁利用技术相关专利，三者在 2015 年后专利申请数量增加明显；其他发明人专利申请数量同样出现明显增加的态势。

发明人姓名	2008	2009	2010	2011	2012	2013	2014	2015	2016	2017
吴道洪	2	2	1	13	17	34	33	87	459	252
薛逊					1	1	2	21	199	9
王伟	7	6	23	21	24	37	32	36	32	35
丁力	1			3	1	5	10	9	117	53
柳伟	3	3	35	7	21	21	37	26	35	17
曹志成				1	2	1	1	23	72	67
李军	3	5	2	19	16	18	19	20	26	16
张顺利				1	2	1	2	9	77	23

专利申请年

图 4-10　煤炭清洁利用技术领域专利发明人情况

注：图中数字表示专利申请数量（项）。

4.3　重要专利权人及代表技术分析

4.3.1　中国石油化工集团有限公司

中国石油化工集团公司（于 2020 年 2 月 20 日更名为"中国石油化工集团有限公司"，简称公司）是 1998 年 7 月中国在原中国石油化工总公司基础上重组成立的特大型石油石化企业集团，注册资本达到 2000 多亿元，目前，公司是中国最大的成品油和石化产品供应商、第二大油气生产商，是世界第一大炼油公司、第二大化工公司。在中国，中国石油化工集团有限公司、中国石油天然气集团公司、中国海洋石油集团有限公司并称为"三桶油"。

1. 专利申请概况

截至 2018 年 5 月，中国石油化工集团有限公司在煤炭清洁利用技术领域共申请专利 1001 项。图 4-11 中给出了自 1998 年以来该公司在煤炭清洁利用技术领域逐年申请的专利数量，从中不难看出，中国石油化工集团有限公司在煤炭清洁技术领域技术发展共分为 3 个阶段，第一阶段为 2000—2004 年，为技术萌芽期，初步开始涉及煤炭清洁相关技术，有少量技术产出，从专利申请数量上呈现的结果为每年申请量低于 12 项，2002 年以前每年申请 2 项专利技术；

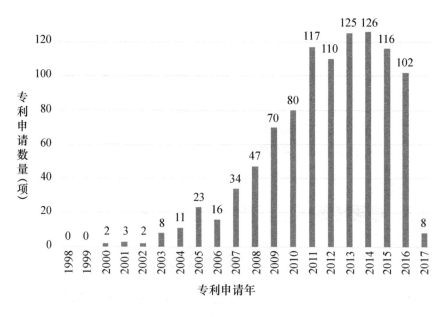

图 4-11　中国石化煤炭清洁利用技术专利逐年申请数量

第二阶段为2005—2011年,为技术发展期,专利申请数量快速增加,从2005年的专利申请数量为20项左右快速增加到2011年的117项;第三阶段为2012年以后,为技术成熟期,专利申请数量相对稳定,但是仍然维持在高位。可以预见,在煤炭清洁利用技术领域,如果没有重大技术突破,中国石油化工集团有限公司在该领域的专利申请量将维持一段时间后持续下降,进入技术衰退期。需要说明的是,所谓技术衰退,是指该公司在煤炭清洁利用技术领域的产出成果下降,或者说技术创新进度明显下滑,数据分析并不是针对整个煤炭清洁利用技术领域。

图4-12列举了中国石油化工集团有限公司煤炭清洁利用技术领域相关专利申请在全球范围内的地域布局,从中可以看出其在中国布局专利数量最多,达到993项,占其全部专利申请(1001项)的99%,其次为美国25项,中国石油化工集团有限公司在印度、韩国、日本、加拿大、俄罗斯、欧盟、马来西亚和巴西等国均布局煤炭清洁利用技术相关专利,但是数量相对较少,每个国家均不超过20项。由此可见,其在全球市场中,更加重视在中国地区的技术保护。

2. 代表技术分析

基于ORBIT系统专利技术价值评估功能,针对专利存活期、被引用数量、技术创新性、通用性等指标,对中国石油化工集团有限公司煤炭清洁利用技术领域相关专利申请进行评比,得到具有代表性技术专利,下面列举部分评比得分较高的专利技术,仅供技术研发人员参考。

中国石油化工集团有限公司于2015年9月10日申请专利:一种由煤基劣质原料生产汽油和清洁柴油的方法,申请号为201510575083.1。本专利涉及炼油领域,公开了由煤基劣质原料生产汽油和清洁柴油的方法：将煤基劣质原料与含氢物流混合后引入脱金属单元反应；将脱金属单元的反应产物和尾油与含氢物流混合后引入缓和加氢裂化单元，得到石脑油、中间馏分油和尾油；将中间馏分油和来自加氢裂化单元的柴油馏分引入芳烃抽提单元，分离得到抽余油和抽出油；并且将抽余油和石脑油引入深度加氢处理单元反应，得到清洁柴油；将抽出油引入加氢裂化单元进行反应，得到柴油馏分和汽油，并且将柴油馏分引入芳烃抽提单元中进行循环。本专利提供的加工煤基劣质原料的方法可有效将煤基劣质原料转化为高辛烷值汽油调合组分和低硫、高十六烷值清洁柴油组分，同时还可以兼顾生产部分石脑油。

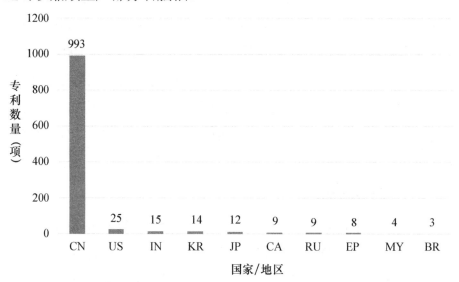

图 4-12　中国石化煤炭清洁利用技术专利申请地域布局

注：横坐标表示专利公开国（代码），纵坐标表示专利申请数量（项），其中，CN 表示中国，US 表示美国，IN 表示印度，KR 表示韩国，JP 表示日本，CA 表示加拿大，RU 表示俄罗斯，EP 表示欧盟，MY 表示马来西亚，BR 表示巴西。

该公司于 2015 年 9 月 10 日申请专利：合成气集成净化方法，申请号为 201510596848.X。合成气集成净化方法采用以固定载体膜为膜材的膜分离技术与变压吸附技术相结合，适用于合成气中酸性气体的脱除，属于气体净化技术领域。合成气经过滤除去粉尘、油雾、液滴后进入增湿器，与脱盐水接触充分饱和水汽，再经气液分离器除去大部分液滴后，进入膜分离器，在膜分离器中酸性气体选择性地渗透到膜的透过侧，截留侧则脱除了大部分酸性气体的净化气，将粗净化的气体进一步送入变压吸附系统精脱，最终合成气到深度净化。本集成工艺特别适合合成气中酸性气体的脱除，如生物质合成气、煤制合成气等，与传统单脱碳方法相比，具有投资少、能耗低、气体净化度高、环保等优点。

该公司于 2016 年 2 月 25 日申请专利：一种煤浆气化装置的供氧管道清洁系统，申请号为 201620139404.3。本实用新型专利公开了一种煤浆气化装置的供氧管道清洁系统，包括气化炉、与气化炉连通的供氧管道和供煤浆管道，以及用于吹扫供氧管道和供煤浆管道的高压氮气源。其特征如下：所述高压氮气源包括第一高压氮气源、第二高压氮气源和第三高压氮气源，所述第一高压氮气源通过第一氮气管道接入所述供氧管道，所述第二高压氮气源通过第二氮气管道接入所述供氧管道，所述第三高压氮气源通过第三氮气管道接入所述供煤浆管道。该清洁系统能避免煤浆管道中的颗粒物等杂质进入供氧管道，避免炉前氧管、阀爆燃事件。

4.3.2 三菱重工业有限公司

三菱重工业有限公司（日语：三菱重工业株式会社，英语：Mitsubishi Heavy Industries, Ltd.），简称"三菱重工"，创建于 1884 年，是拥有制造 700 种以上产品实力的日本最大型重工业厂家。经营业务主要包括石油、煤炭、天然气、燃气轮机、炼钢机械、叉车、空调及汽车产品等多个行业技术领域。近年来节能及环保在中国备受关注,三菱重工作为世界上少有的,在兼顾能源稳定供应和减少对环境负荷等众多领域拥有先进技术和产品的企业,也在不遗余力地为中国的节能和环保事业做出贡献。

1. 专利申请概况

检索发现,截至 2018 年 5 月,三菱重工业有限公司在煤炭清洁技术领域共申请专利 806 项。图 4-13 给出了其自 1998 年以来逐年专利申请的概况,从图中不难看出,在煤炭清洁利用技术领域,三菱重工业有限公司专利申请数量呈现倒立 N 字形态势,即先从 1998—2004 年专利年均申请数量超过 10 项,降低到 2005—2007 年的最高申请数量 7 项,然后从 2008 年开始专利申请数量明显提升,在 2012 年达到峰值 34 项,此后呈现逐年下降态势,近年来最高申请数量不足 10 项。可见在煤炭清洁利用技术领域,近年来三菱重工业有限公司专利技术产出成果相对减少。

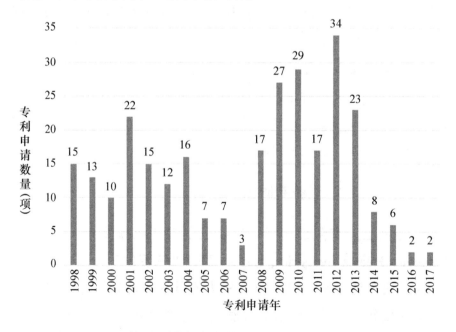

图 4-13 三菱重工煤炭清洁利用技术领域专利逐年申请量

第4章 基于专利信息统计分析全球煤炭清洁利用技术

图4-14列举了三菱重工业有限公司煤炭清洁利用技术相关专利申请在全球范围内的地域布局，从图中可以看出，三菱重工业有限公司在日本布局专利数量较多，达到766项，可见在全球范围内其最重视的技术市场为日本，其次在美国、中国分别提交167项、121项专利申请，均超过100项专利布局，此外在德国、澳大利亚、印度等国家均布局超过50项，在韩国、加拿大、丹麦等布局专利申请数量相对较少。

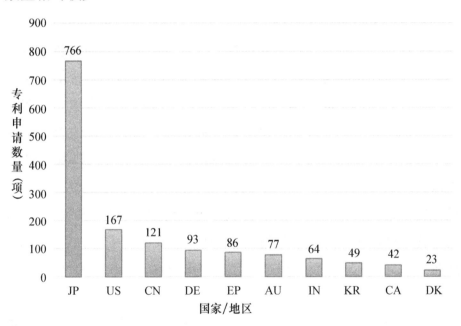

图4-14 三菱重工煤炭清洁专利技术领域分析

注：横坐标表示专利公开国（代码），纵坐标表示专利申请数量（项），其中，JP表示日本，US表示美国，CN表示中国，DE表示德国，EP表示欧盟，AU表示澳大利亚，IN表示印度，KR表示韩国，CA表示加拿大，DK表示丹麦。

通过以上分析不难发现，与中国石油化工集团有限公司相比较，三菱重工业有限公司煤炭清洁利用技术相关专利申请在全球范围内的地域布局相对更加均衡，在除日本以外的其他国家范围内也在布局较多专利，注重全球范围内的市场保护。

2. 代表技术分析

基于 ORBIT 系统专利技术价值评估功能，针对专利存活期、被引用数量、技术创新性、通用性等指标，对三菱重工业有限公司煤炭清洁利用技术领域相关专利申请进行评比，得到具有代表性技术专利，下面列举部分评比得分较高的专利技术，仅供技术研发人员参考。

在专利 WO2013136944 中，三菱重工业有限公司公开了一种煤干馏装置，该装置包括内筒和外筒，利用供给到外筒的加热气体对内筒内的干燥炭间接加热而生成干馏炭及干馏气体，装置中含有低水银含量干馏炭生成机构，通过抑制干馏气体所含的水银向干馏炭的吸附或将吸附了水银的干馏炭除去来生成干馏炭。水银含量干馏炭生成机构具备：分级装置，其将从所述干馏炭排出机构排出的干馏炭分级为规定粒径以上大小的粗粉干馏炭和小于规定粒径的大小的微粉干馏炭；微粉干馏炭排出机构，其将由所述分级装置分级出的微粉干馏炭排出。通过专利技术的干馏，能够从干燥炭（劣质煤）产生一氧化碳、水蒸气、甲醇、焦油等热分解气体（干馏气体），同时还产生水银等微量成分气体。

该公司于 2013 年 2 月 22 日申请专利：一种煤浆气化装置的供氧管道清洁系统，申请号为 201510651838.1。公开了一种能够制造水银含量少的干馏炭的煤干馏装置。煤干馏装置具备干馏装置主体，该干馏装置主体具有被供给干燥炭的内筒和覆盖内筒的外筒，利用供给到外筒的加热气体对内筒内的干燥炭间接加热而生成干馏炭及干馏气体，具备抑制干馏气体所含的水银向干馏炭的吸附的水银吸附抑制机构。水银吸附抑制机构将内筒中的气体排出至排气管，排气管的气体进入中央部与煤加热部出口之间的区域。

该公司于 2014 年 11 月 12 日申请专利：一种煤浆气化装置的供氧管道清洁系统，申请号为 201480064758.X。发明的目的在于防止煤自燃，并使氧被有效地吸附到煤的表面上。本发明的煤去活化处理装置具备回转窑主体、进料管和帽状部，回转窑主体设置为可旋转，煤及处理气体被供应到其内部，进料管设置为可以和回转窑主体一同旋转，并且在回转窑主体的长度力方向延伸、设置，冷却水于其内部流通，帽状部在进料管的外周部朝向该进料管的旋转方向突出设置，以回转窑主体旋转时穿过煤在回转窑主体内堆积而成的煤层的方式配置进料管、帽状部。

4.3.3 新日铁住金株式会社

新日铁住金株式会社（简称"新日铁住金"）是在 2012 年由新日本制铁与住友金属工业合并成立的一家大型钢铁公司，前身分别为新日本制铁（简称"新日铁"）与住友金属工业（简称"住金"）。为提升在全球市场的竞争力，两家公司于 2012 年 10 月 1 日合并，并改为现名。其粗钢产量居日本第一名，同时仅次于安赛乐米塔尔居世界第二名。

1. 专利申请概况

2008—2018 年，新日铁住金在煤炭清洁技术领域共申请专利 461 项。在同行业中处于领先的地位。由图 4-15 可知，授权、申请中、放弃、撤销和过期 5 个阶段的占比分别为 21.69%、0.65%、56.83%、7.16%和 13.67%。其中，放弃的专利占全部的一半以上。

由图 4-16 可知，新日铁住金煤炭清洁利用技术专利主要集中在基础化学材料和冶金材料两大领域。在 461 项专利中两者共占的百分比近全部的 70%。此外，还有少部分专利集中于环保技术、热过程设备。由此可以看出，新日铁住金煤炭清洁利用技术在基础化学材料及冶金材料领域的成果较为突出。

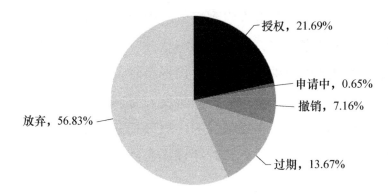

图 4-15 新日铁住金清洁利用技术领域专利法律状态

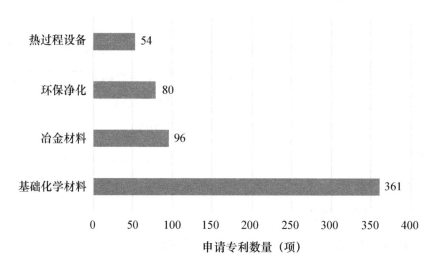

图 4-16 新日铁住金煤炭清洁专利技术领域分析

2. 代表技术分析

基于 ORBIT 系统专利技术价值评估功能，针对专利存活期、被引用数量、技术创新性、通用性等指标，对新日铁住金煤炭清洁利用技术领域相关专利申请进行评比，得到具有代表性技术专利，下面列举部分评比得分较高的专利技术，仅供技术研发人员参考。

在专利 JP2005042142 中，新日铁住金公开了一种碳质资源的有效利用方法，通过将煤等碳质资源气化制备还原性气体，使用该还原性气体有效地兼产还原铁、氢、电力的方法。其中提供了一种碳质资源的有效利用方法，如图 4-17 所示，含有硫分的碳质原料（15）（煤等）通过氧（16）进行部分燃烧，制备还原性气体（11），还原性气体（11）与铁矿石（2）在固体还原炉（4）中接触，还原铁矿石，制备含有硫分的固体还原铁（3），同时制备脱硫的还原性气体（11）。通过将还原性气体（11）含有的硫分在固体还原炉（4）内移动到还原铁（3），得脱硫的还原性气体（11）。将含有硫分的固体还原铁（3）投入高炉。脱硫的还原性气体（11）用于氢气制备和/或复合发电。

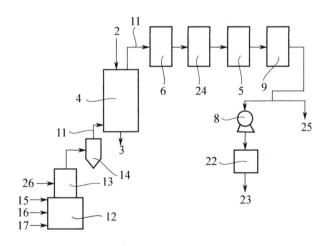

图 4-17　碳质资源的有效利用方法

在专利 WO03035799 中，新日铁住金公开了一种通过焦炭干式熄灭装置，对生物量进行处理的方法。其中，该焦炭干式熄灭装置对赤热焦炭进行冷却，其具有预燃室，在向该预燃室的内部根据需要导入空气的同时，投入生物量。

4.3.4 神华集团有限责任公司

神华集团有限责任公司（简称"神华集团公司"）是于 1995 年 10 月经国务院批准设立的国有独资公司，属中央直管国有重要骨干企业，是以煤为基础，集电力、铁路、港口、航运、煤制油与煤化工为一体，产运销一条龙经营的特大型能源企业，是目前我国规模最大、现代化程度最高的煤炭企业和世界上最大的煤炭供应商；主要经营国务院授权范围内的国有资产，开发煤炭等资源性产品，进行电力、热力、港口、铁路、航运、煤制油、煤化工等行业领域的投资、管理；规划、组织、协调、管理神华集团公司所属企业在上述行业领域内的生产经营活动；总部设在北京，由神华集团公司独家发起成立的中国神华能源股份有限公司分别在香港、上海上市。神华集团公司在 2015 年度《财富》全球 500 强企业中排名第 196 位。

截至 2015 年年底，神华集团公司共有全资和控股子公司 21 家，投入生产的煤矿 54 个，投运电厂总装机容量 7851 万千瓦，拥有 2155 千米的自营铁路、2.7 亿吨吞吐能力的港口和煤码头，以及船舶 40 艘的航运公司，总资产 9314 亿元，在册员工 20.8 万人。

1. 专利申请概况

2001—2018 年，神华集团公司在煤炭清洁技术领域共申请专利 386 项。图 4-18 统计了自 1998 年以来神华集团公司在煤炭清洁技术领域逐年申请的专利数量。从图中可以看出，1998—2001 年，神华集团公司未提交相关专利申请,2002 年提交 3 项申请,2004 年提交 2 项,2003 年和 2005 年未提交申请,从 2006 年开始,神华集团公司专利产出成果明显增多,每年都申请相关专利,2010 年相关专利申请数量达到 20 项,2015 年达到 70 项,可见在煤炭清洁利用技术领域,神华集团公司专利产出成果逐渐增多,研发力量投入明显增加。

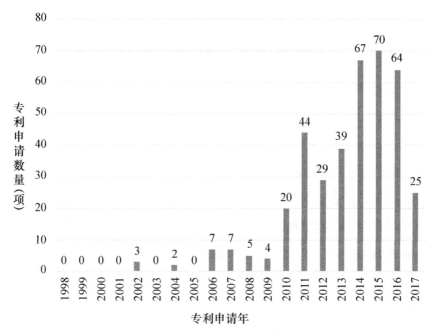

图 4-18 神华集团公司煤炭清洁利用技术领域逐年专利申请数量

图 4-19 列举了神华集团公司煤炭清洁利用技术相关专利目前所处的法律状态,分析可知,授权、申请中、放弃和撤销 4 个阶段中,占比分别为 63.0%、27.5%、6.7% 和 2.8%。其中,专利的授权量所占百分比较高,说明神华集团公司煤炭清洁利用技术领域相关专利通过授权率较高,同时其大部分专利维持有效,可见神华集团公司有意愿支付专利维持费用,对相关专利非常重视。

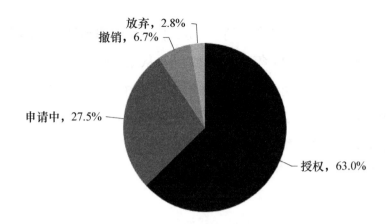

图 4-19　神华集团公司煤炭清洁利用技术领域专利法律状态

2. 代表技术分析

在专利 WO2012166606 中，神华集团公司公开了一种处理含水分和有机挥发物的未经处理的低热煤的方法，包括将未经处理的煤进料至干燥器，并干燥煤。使干燥的煤经过热解步骤，其中贫氧气体与煤接触，因此，降低了煤中挥发物的含量并产生热解流出气体。使热解流出气体经过分离处理，以将贫燃料气与液体和焦油分离，其中分离处理脱除了小于约 20% 的热解流出气体作为液体和焦油，剩余的是贫燃料气。将贫燃料气返回干燥器燃烧器、热解器燃烧器或热解器。

在专利 WO2006010330 中，神华集团公开了一种煤炭直接液化方法，包括以下步骤：①将原料煤制备成一种煤浆；②将所述煤浆经过预处理后送入一个反应系统中进行液化反应；③将反应产物在分离器中进行气液分离，其中的液相部分通过一个蒸馏塔进行分离，形成轻质油分和塔底物料；④将所述塔底物料送入另一个蒸馏塔分离为馏出油和残渣；⑤将所述的轻质油分和馏出油进行混合，将混合产物送入一个强化循环悬浮床加氢反应器进行催化加氢；⑥将加氢产物通过一个分馏塔分离出产品油和其他供氢性循环溶剂。本发明方法能长期稳定运转、反应器利用率和处理量大、防止矿物质沉积、反应条件缓和、最大限度提高液体收率,并同时为液化产品进一步加工提供优质原料。

该公司于2015年4月16日申请专利:一种煤制清洁燃料的方法,以及用该方法获得的高辛烷值的汽油和改质柴油,申请号为201510182110.9。本发明公开了一种煤制清洁燃料的方法,包括将原料煤热解,得到煤焦油、半焦和热解煤气;将半焦经气化得到气化粗煤气,经变换后制备甲醇,得到甲醇和甲醇驰放气;将热解煤气与甲醇驰放气混合,提氢得到氢气;将煤焦油进行蒸馏分离,得到酚油馏分和重质馏分;将酚油馏分与甲醇进行醚化反应,得到高辛烷值组分;将重质馏分进行加氢精制和加氢裂化处理,产物经分馏得到汽油馏分和柴油馏分;将高辛烷值组分与汽油馏分调和生产高辛烷值的汽油;将柴油馏分进行加氢改质处理生产改质柴油。本发明从原料煤直接生产高品质的清洁燃料,对煤炭资源的充分深加工,实现了各生产工艺之间的系统连通,达到了煤炭资源的高效和清洁利用。

该公司于2015年12月8日申请专利:一种煤直接液化污水处理系统及方法,申请号为201510895405.0。本发明公开了一种煤直接液化污水处理系统,所述处理系统包括脱硫脱氨单元、脱酚单元、第一氧化单元、第一生化处理单元、第二氧化单元、第二生化处理单元和脱盐单元。本发明还公开了相应的污水处理方法。本发明针对煤直接液化污水,依次通过脱硫脱氨单元和脱酚单元对污水中的油相、硫化氢、氨和酚类物质进行高效脱除,然后利用第一氧化单元和第一生化处理单元,以及第二氧化单元和第二生化处理单元对污水中的难处理物质进行集中处理，不仅有效降低污水的毒性，提高污水的可生化性，而且特别通过两个不同的氧化单元之间的配合及两个不同的生化处理单元之间的配合，实现对污水中难处理物质的全方位深度处理，解决了煤直接液化污水难以净化处理的问题。如图4-20所示为本发明的煤直接液化的污水处理系统的示意。

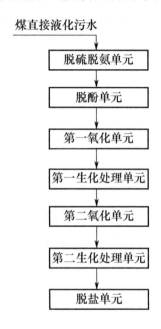

图4-20　煤直接液化的污水处理系统的示意

4.3.5　北京神雾环境能源科技集团

北京神雾环境能源科技集团（简称"神雾集团"）是一家针对全球化石燃料消耗市场节能和低碳技术解决方案的提供商，专门从事化石能源的高效燃烧技术及高效深加工技术的开发与推广。神雾集团致力于工业节能减排技术与资源综合利用技术的研发与推广。依托其大型节能减排科研基地，通过工程咨询设计及工程总承包的业

第4章 基于专利信息统计分析全球煤炭清洁利用技术

务模式，向大量使用化石能源（煤炭、石油、天然气及其衍生物等）的高耗能、高排放工业企业推广其自主创新的高效燃烧、直接还原炼铁、劣质煤提质及油气提取、能量系统优化等工业节能减排与资源综合利用技术。

神雾集团由1999年设立的北京神雾热能技术有限公司整体变更而成，注册资本3.6亿元。

神雾集团成立以来的10多年中，在节能技术推广服务领域逐步完成了"节能技术研发—节能器件制造—节能设备配套—节能工程咨询与设计—节能工程总承包"的全产业链布局。

1. 专利申请概况

统计发现，北京神雾环境能源科技集团在煤炭清洁技术领域共申请专利420项。从2009年开始申请相关技术专利，2011年以后专利申请数量明显增加，尤其2016年专利申请数量急剧增长，达到266项，可见北京神雾环境能源科技集团对煤炭清洁利用技术领域相关技术研发非常重视，具体统计数据如图4-21所示。

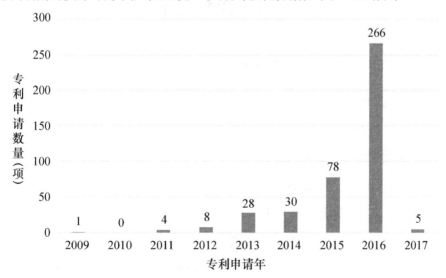

图4-21 神雾集团煤炭清洁利用技术领域逐年专利申请数量

神雾集团在同行业中处于领先的地位。由图 4-22 可知，授权、申请中、放弃和撤销 4 个阶段，占比分别为 53.8%、38.1%、7.4%和 0.7%。其中，专利授权和申请中为法律有效状态，两种累加占比超过 90%，可见北京神雾环境能源科技集团大部分处于有效状态，其中获得授权的专利占全部专利申请数量的一半以上，说明其相关技术大部分获得专利授权，技术具有一定创新性；全是授权专利并且均维持有效状态，说明企业对相关专利非常重视，有意愿支付专利年费维持专利有效。

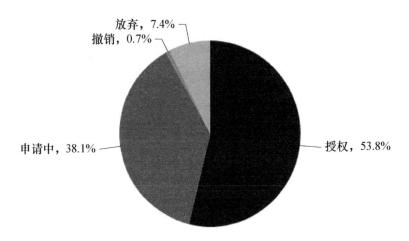

图 4-22　神雾集团煤炭清洁利用技术领域专利法律状态

2. 代表技术分析

在专利 WO2013152508 中，北京神雾环境能源科技集团公开了一种提高焦油产率的煤热解设备及其热解方法。如图 4-23 所示，煤热解设备包括炉体。所述炉体由固定炉顶、炉墙（4）和旋转炉底（2）组成，并且旋转炉底（2）上设有用于放置物料（7）的料床（15），所述料床（15）和旋转炉底（2）之间为架空空间（3），所述料床（15）为通风料床；所述架空空间（3）一侧设有吸气口（8），所述吸气口

（8）连接高温风机（9）和出气口（10）。本发明提高焦油产率的煤热解设备及其热解方法，通过对旋转床内部炉体结构及风道的改变，调整了炉内的气体流动走向，加强了炉内热力场循环及对物料的加热作用。热解气在高温风机（9）的作用下强制透过物料层，加强炉内气体流动，加快了物料层的传热；减少了原煤热解产生的大分子自由基的二次结合，造成焦油二次裂解的情况，从而提高原煤热解的焦油产率。

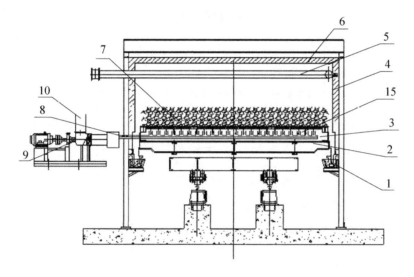

图4-23　一种提高焦油产率的煤热解设备及其热解方法

该公司于2016年8月11日申请专利：一种联合热解炉与气基竖炉的系统及处理煤的方法，申请号为201610658792.0。本发明公开了一种联合热解炉与气基竖炉的系统及处理煤的方法。该系统包括快速热解炉、分离净化系统、重整变换系统和气基竖炉；在快速热解炉的出料区设有抽气伞；抽气伞包括伞部和柄部，伞部和柄部之间气体连通，柄部从热解炉本体的外部穿过热解炉本体的侧壁，并延伸至热解炉本体内部的中间位置。该方法将原料煤热解，产生的热解油气经分离净化系统和重整变换系统处理后获得还原气,可直接用于气基竖炉的生产。本发明的系统和方法,有效利用了通常难以利用的粉煤,快速热解炉产生的热解油气粉尘含量低,热解油气可快速抽离热解炉,降低了气基竖炉的生产成本和能耗。

该公司于 2017 年 1 月 3 日申请专利:一种煤热解的自清洁反应器及反应系统,申请号为 201710002388.2。自清洁反应器包括夹层套筒和旋转搅拌部分,夹层套筒包括内套筒和外套筒,夹层套筒轴向的两端分别设有连通内套筒内侧的原料入口、气相出口和半焦出口;旋转搅拌部分设于所述内套筒的内侧,旋转搅拌部分包括转子、搅拌盘和桨叶,转子转动设置于所述夹层套筒内,转子从所述夹层套筒的入口端伸入至夹层套筒的底部,转子为空心杆结构,搅拌盘固定设置于所述转子的外表面上,搅拌盘与所述转子的轴向方向垂直或呈角度设置,搅拌盘包括组支撑杆,桨叶设置于所述支撑杆的末端。本发明解决了现有煤热解反应器的清洁问题,提高了传热效率,装置提高了空间利用率,占地面积小。

4.4 小结

通过专利信息统计分析方法、设计检索式及对所检索出的数据进行清洗加工,可以使本领域的研究人员在全球专利申请量、法律状态、出版语言、技术研发地域、市场技术布局、主要竞争对手、发明人及研发团队等角度加深对煤炭清洁利用技术研究现状的了解。

结果表明:截至 2018 年 5 月,煤炭清洁利用技术领域全球专利申请数量总体呈现上升趋势,尤其在 2016 年,专利申请量达到 8663 项,处于峰值,由于 2017 年以后专利数据并不完整,2017 年数据经参考，可以预计煤炭清洁利用技术相关专利申请数量还将继续增加。

煤炭清洁利用技术相关专利的法律状态主要分布在授权、放弃、申请中、过期和撤销5个阶段。其中，专利的授权数量和专利放弃几乎持平，但授权量并不算很高。

该领域技术研发地域集中度相当高，排在第一位的是中国，占前10位公开国总量的87%。煤炭清洁利用技术专利申请人主要有北京神雾环境能源科技集团、神华集团有限责任公司、中国石油化工集团有限公司、新日铁住金。

第 5 章
重点专利价值评估及保护范围剖析

5.1 重点专利保护范围

5.1.1 一种基于低阶煤热解水蒸气熄焦水煤气制氢的组合方法及系统

申请日：2017-03-03　申请号：CN201710125052　申请人：袁涛

该发明涉及一种基于低阶煤热解水蒸气熄焦水煤气制氢的组合方法及系统，所述方法包括以下步骤：将低温干馏炉产生的半焦升温后缓慢下行；向上连续喷入水蒸气，使其与高温半焦进行热交换；经所述热交换升温后的水蒸气与部分高温半焦发生气化反应生成水煤气；将所述水煤气收集、净化，分离后得到 H_2 和 CO，所述 CO 进一步反应生成 H_2，将所述 H_2 合并后进行纯化得到纯 H_2；另一部分未发生气化反应的高温半焦在下行过程中与水蒸气热交换后降温，进一步冷却后输出。该发明为煤焦油加氢找到了最低成本的制氢工艺方法，充分利用了价廉质优的原料半焦，将熄焦和制氢系统优化组合在一起，工艺流程简化，操作方便安全，有助于煤炭清洁高效利用的产业发展。如图 5-1 所示为该发明所述基于低阶煤热解水蒸气熄焦水煤气制氢的系统示意。

保护范围如下。

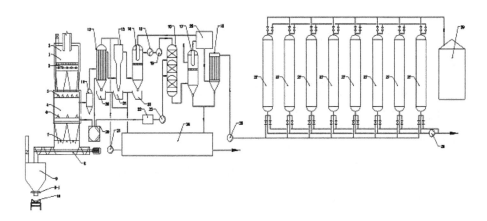

图 5-1 基于低阶煤热解水蒸气熄焦水煤气制氢的系统示意

一种基于低阶煤热解水蒸气熄焦水煤气制氢的组合方法，包括以下步骤：

（1）将低温干馏炉产生的半焦升温至 900～1100℃，所得高温半焦缓慢下行；

（2）向上连续喷入 150～250℃ 的水蒸气，使其沿所述下行的高温半焦的空隙向上穿行，并与所述高温半焦进行热交换；

（3）经所述热交换升温至 427℃ 以上的水蒸气与部分高温半焦发生气化反应，生成主要成分为 H_2 和 CO 的水煤气；

（4）将所述水煤气收集、净化，分离后得到 H_2 和 CO；收集所述 H_2，进一步将所述 CO 在催化剂的作用下与水蒸气反应，生成 H_2 并收集，将两次收集所得 H_2 合并后进行纯化，得到纯 H_2；

（5）另一部分未发生气化反应的高温半焦在下行过程中与所述向上穿行的水蒸气热交换后降温，进一步冷却后输出。

5.1.2 燃煤锅炉烟气净化及余热回收处理系统及方法

申请日：2017-04-12　　申请号：CN201710237056　　申请人：烟台盛海源节能科技有限公司

该发明公开了一种燃煤锅炉烟气的净化及余热回收处理系统，包括余热交换器和超净化冷却器。其中，余热交换器包括余热吸收器和余热蒸发器，余热吸收器设置在脱硫吸收塔烟气入口管道上；烟气超净化器设置在脱硫吸收塔烟气出口烟气管道上，脱硫处理后的烟气进入该烟气超净化器中进行冷凝；清洗喷淋系统用于对析出的有害烟尘进行喷淋清洗；余热蒸发器设置在烟气超净化器与烟囱之间的烟气管道上并与余热吸收器连接，用于烟气进行余热加热，使其温度升高后通过烟囱排出。该发明还公开了相应的处理方法。该发明可以有效提取高温烟气中的余热，利用高温回收的余热对烟气进行再加热排放的系统，达到既综合节能又环保排放的目的。如图 5-2 所示为燃煤锅炉烟气净化及余热回收处理系统的结构示意。

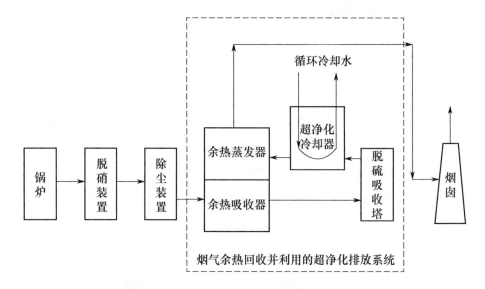

图 5-2　燃煤锅炉烟气净化及余热回收处理系统的结构示意

保护范围如下。

一种燃煤锅炉烟气的净化及余热回收处理系统，其设置于燃煤锅炉脱硫吸收塔前、后的烟道上，用于实现对燃煤锅炉烟气的处理。该净化及余热回收处理系统包括余热交换器、烟气超净化器、清洗喷淋系统和烟气超净化冷却器。其中，余热交换器包括余热吸收器和余热蒸发器，余热吸收器设置在脱硫吸收塔烟气入口管道上，用于对所述待处理的烟气进行吸热降温，降温后的烟气用于进入脱硫吸收塔进行脱硫处理，所述烟气超净化器设置在脱硫吸收塔烟气出口烟气管道上。该烟气超净化器设置有清洗喷淋系统和烟气超净化冷却器，脱硫处理后的烟气进入该烟气超净化器中，通过该烟气超净化冷却器进行冷凝，以析出有害烟尘及气体，所述清洗喷淋系统用于对析出的有害烟尘进行喷淋清洗。所述余热蒸发器设置在烟气超净化与烟囱之间的烟气管道上并与所述余热吸收器连接，该余热吸收器吸热的热量传递至该余热蒸发器，该余热蒸发器用于利用传递的余热对经烟气超净化器处理后的烟气进行余热加热，使其温度升高后通过烟囱排出。

5.1.3 一种高钠煤分步脱钠净化方法

申请日：2017-02-27　申请号：CN201710106778　申请人：东北电力大学

该发明是一种高钠煤分步脱钠净化方法，包括以下步骤：将高钠煤原煤和去离子水同时装入净化容器，再将该净化容器密闭；在常温下，用去离子水洗涤4~6小时，然后过滤；将煤样与混合液按质量比1∶10~1∶5再同时装入净化容器，再将该净化容器密闭；温度升至60~90℃；稳定6~8小时；降至常温，然后过滤。具有工艺简单、运行简单、投资小、环保的优点，既可以用于优质洁净煤的工艺，又可以用于准东煤的发电。该发明的方法适用于发电厂的制粉系统、煤干燥、煤化工的预处理，无废气、废液的排放，因此属于绿化环保的产业。

保护范围如下。

一种高钠煤分步脱钠净化方法，包括以下步骤：

（1）将直径为 0.2~0.6mm 的高钠煤原煤和去离子水同时装入净化容器，再将该净化容器密闭，在所述净化容器内，高钠煤原煤与去离子水的质量比为 1∶10~1∶5。

（2）在常温下将该净化容器内的高钠煤原煤用去离子水洗涤 4~6 小时，然后过滤。

（3）将步骤（2）获得的煤样与混合液按质量比 1∶10~1∶5 再同时装入净化容器，再将该净化容器密闭。

（4）将该密闭的净化容器的温度升至 60~90℃，然后稳定 6~8 小时。

（5）将该密闭的净化容器降至常温，然后过滤。

5.1.4　一种碳燃料电池煤基燃料联合处理装置及其处理方法

申请日：2017-02-24　　申请号：CN201710103173　　申请人：内蒙古科技大学

该发明公开了一种碳燃料电池煤基燃料联合处理装置及其处理方法，装置包括依次设置的清洗机构、化学脱硫机构、电化学脱硫机构及收集机构。方法步骤：煤基燃料送入清洗机构；经破碎单元得到粒度为 40~80 目的煤颗粒；经筛选单元选出粒度为 0.3 以下的煤颗粒，并送入烘干单元，其余的部分进入煤泥水处理单元；经烘干的煤颗粒进入装有硫酸铁溶液的反应器中进行化学脱硫，形成碳燃料颗粒；前序的碳燃料颗粒进入电解槽，并在阳极室进行电化学氧化反应；前序的碳燃料颗粒进入收集机构，得到碳燃料。利用该装置和方法得到满足直接碳燃料电池所需的碳燃料，工艺简单，设备及原料成本低，产品碳纯度高，适于在直接碳燃料电池领域推广应用。如图 5-3 所示为该发明实施案例提供的碳燃料电池煤基燃料联合处理装置的结构框架。

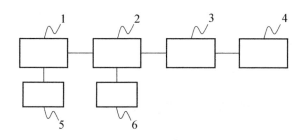

图 5-3　碳燃料电池煤基燃料联合处理装置的结构框架

保护范围如下。

一种碳燃料电池煤基燃料联合处理装置，包括依次设置的清洗机构、化学脱硫机构、电化学脱硫机构及收集机构，煤基燃料经所述的清洗机构、化学脱硫机构、电化学脱硫机构及收集机构形成联合处理路径。清洗机构包括破碎单元、筛选单元和烘干单元；化学脱硫机构包括装有硫酸铁溶液的反应器及加热单元；电化学脱硫机构包括电解槽；收集机构包括用于收集处理后的燃料的收集容器。

5.1.5　Apparatus of drying coal for coke oven and this method

申请日：2015-12-17　　申请号：KR20150180961

保护范围如下。

一种封闭管，用于允许煤在传送带安装在炼焦炉设施内的状态下移动，使得供应的煤可以移动到炼焦炉设施。原料供应装置，用于通过煤输送管线从连接到封闭管的输送带的原料储存料斗供应煤；一个原料干燥装置，用于将热废气吹入封闭的管道，通过热空气干燥煤，内管是封闭的，设置在下部。传送带包括煤由一个振动传送带进一步振动传送，至少一个连接发生在上部，振动产生部设置在传送带下方，它们在一个或多个传送带振动电机施加振动。吸收振动接触的设置包括安装减振器，其中，减振器在其下部具有杆状支撑基座，并固定在传送带的下部。

5.1.6　一种用于电站锅炉煤渣燃烧的烟气余热回收装置

申请日：2015-12-15　申请号：CN201510945402　申请人：天津市威武科技有限公司

该发明公开了一种用于电站锅炉煤渣燃烧的烟气余热回收装置，它涉及电力设备领域，锅炉风道与电站锅炉的进风口连接，锅炉风道上设置分离式热超导换热装置放热端，分离式热超导换热装置放热端与分离式热超导换热装置吸热端之间由上升管和下降管连接，分离式热超导换热装置吸热端的两端分别通过锅炉管道与电站锅炉的烟气出口和脱硫吸收塔连接，锅炉管道上还设置了除尘器。它采用将旋流燃烧器和直流燃烧器相结合的结构，不仅能确保煤渣粉快速着火，且能确保煤渣粉充分燃尽，从而有效提高电站锅炉效率，还可以实现远距离、高效能量的传输和转换，对电站锅炉的烟气实现余热回收，有效避免锅炉烟气酸露，延长了使用寿命。如图5-4所示为该发明的结构示意。

保护范围如下。

一种用于电站锅炉煤渣燃烧的烟气余热回收装置，其特征在于：包含电站锅炉（1）、旋风燃烧筒（2）、管道（3）、喷枪（4）、一次旋转送风口（5）、二次旋转送风口（6）、灰渣斗（7）、锅炉风道（8）、分离式热超导换热装置放热端（9）、分离式热超导换热装置吸热端（10）、上升管（11）、下降管（12）、锅炉管道（13）、脱硫吸收塔（14）、除尘器（15）。电站锅炉（1）的后部设置了旋风燃烧筒（2），旋风燃烧筒（2）与电站锅炉（1）之间通过管道（3）相连接，旋风燃烧筒（2）的上方设置有喷枪（4），旋风燃烧筒（2）的顶部设置有一次旋转送风口（5），旋风燃烧筒（2）的一侧设置有二次旋转送风口（6），旋风燃烧筒（2）的底部设置有灰渣斗（7），锅炉风道（8）与电站锅炉（1）的进风口连接，锅炉风道（8）上设置有分离式热超导换热装置放热端（9），分离式热超导换热装置放热端（9）与分离式热超导换热装置吸热端（10）之间由上升管（11）和下降管（12）连接，分离式热超导换热装置吸热端（10）的两端分别通过锅炉管道（13）与电站锅炉（1）的烟气出口和脱硫吸收塔（14）连接，锅炉管道（13）上还设置有除尘器（15）。

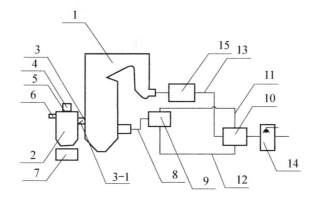

图 5-4　电站锅炉煤渣燃烧的烟气余热回收装置结构示意

5.1.7　一种具有尾气净化功能的环保锅炉

申请日：2016-11-29　申请号：CN201611074552　申请人：佛山市顺智环保科技有限公司

该发明涉及尾气处理技术领域,且公开了一种具有尾气净化功能的环保锅炉,包括水箱。所述水箱的顶部设置有进水口,所述水箱的内部设置有陶瓷导热管,所述水箱的出水口固定连接有出水管道,所述出水管道上设置有出水阀门,所述水箱的两侧对称设置有保温夹套,所述水箱的底部设置有燃烧室,所述燃烧室的正面设置有燃烧进口,所述燃烧室的一侧设置有出渣口,所述燃烧室的另一侧设置有进气管道。该具有尾气净化功能的环保锅炉,能够向燃烧室内提供氧气,使燃料燃烧更加充分,能够对水箱内部的水进行保温,大量减少了热量的散失,将尾气中的酸性气体中和吸收,将尾气中存在的细小颗粒物溶解沉降下来,达到更好的净化效果。如图5-5所示为该发明结构示意。

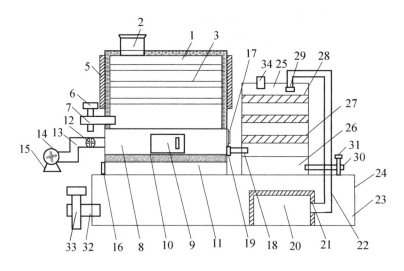

图5-5 具有尾气净化功能的环保锅炉结构示意

保护范围如下。

一种具有尾气净化功能的环保锅炉,包括水箱(1),其特征在于:所述水箱(1)的顶部设置有进水口(2),所述水箱(1)的内部设置有陶瓷导热管（3），所述水箱（1）的出水口固定连接有出水管道（7），所述出水管道（7）上设置有出水阀门（6），所述水箱（1）的两侧对称设置有保温夹套（5），所述水箱（1）的底部设置有燃烧室（8），所述燃烧室（8）的正面设置有燃烧进口（9），所述燃烧室（8）的一侧设置有出渣口（17），所述燃烧室（8）的另一侧设置有进气管道（12），所述进气管道（12）上设置有进气阀门（13），所述进气管道（12）的另一端固定连接有风机（14），所述风机（14）的底部固定连接有支撑架（15），所述燃烧室（8）的底部设置有小孔隔网（10），所述小孔隔网（10）的底部设置有粉尘收集箱（11），所述粉尘收集箱（11）的一侧设置有粉尘排污口（16），所述燃烧室（8）远离风机（14）的一侧设置有排气管道（18），所述排气管道（18）的另一端固定连接有净化箱（25）的进气口，所述净化箱（25）的内部平行设置有活性炭层（27），所述活性炭层（27）的顶部设置有碱性填料层（28），所述净化箱（25）的出气口固定连接有出气管道（34），所述活性炭层（27）的底部设置有废液储存槽（26），所述废液储存槽（26）远离燃烧室（8）的一侧设置有出液管道（30），所述出液管道（30）上设置有出液阀门（31），所述净化箱（25）的底部设置有底座（24），所述底座（24）的内部设置有储液槽（23），所述储液槽（23）的内部设置有水泵（20），所述水泵（20）的出水口固定连接有输液管道（22），所述输液管道（22）的一端贯穿净化箱（25）的顶部并延伸至净化箱（25）的内部，所述输液管道（22）延伸至净化箱（25）内部的一端上设置有喷头（29），所述储液槽（23）的进液口固定连接有进液管道（32），所述进液管道（32）上设置有进液阀门（33）。

5.1.8 Control device, controller for the gasification device, and gasification composite power generation equipment

申请日：2015-12-18　申请号：JP2015247864

保护范围如下。

一种气化炉，用于气化含碳燃料，并将含碳燃料供给气化炉燃料供应装置，用于向气化炉供应氧化剂的氧化剂供应装置。气化炉中的一种焦炭回收装置，用于回收已经由焦炭回收装置回收的可燃气体中所含的焦炭；一种焦炭供应装置，其向气化炉供应焦炭；焦炭供应装置将焦炭供应到气化炉；一种用于调节供应流量的焦炭供应流量控制阀；一种限定热量输入的气体，其被输入到气化炉中，其控制装置基于炉输入指令值控制焦炭供应流量控制阀的开度，实现流量控制。

5.1.9 气化工艺用重金属吸附剂的制备方法及气化工艺

申请日：2017-05-17　申请号：CN201710346393　申请人：宁波诺丁汉新材料研究院有限公司

该发明公开一种气化工艺用重金属吸附剂的制备方法，该吸附剂的原料为单种或混合油页岩热解残渣，所述方法包括以下步骤：（1）回收多种油页岩热解残渣；（2）测试煤和收集到的油页岩热解残渣表征；（3）测试收集到的油页岩热解残渣吸附能力；（4）根据煤的表征和油页岩热解残渣吸附能力，得到不同煤的吸附剂配方。发明同时公开一种气化工艺，包括煤或生物质的燃烧、热解和气化步骤，所述气化工艺中在气化炉中加入重金属吸附剂，所述重金属吸附剂为单种或混合油页岩热解残渣。该发明采用油页岩热解残渣作为气化工艺的固体吸附剂，实现炉内有机、无机一体化净化，可有效降低污染物浓度，减少工艺用水及废水污染物浓度。

保护范围如下。

一种气化工艺用重金属吸附剂的制备方法，其特征在于，该吸附剂的原料为单种或混合油页岩热解残渣，所述方法包括以下步骤：

（1）回收多种油页岩热解残渣；

（2）测试煤和收集到的油页岩热解残渣表征；

（3）测试收集到的油页岩热解残渣的重金属吸附能力；

（4）根据煤的表征和油页岩热解残渣吸附能力，得到不同煤的吸附剂配方。

5.1.10 一种环保洁净煤专用锅炉

申请日：2016-12-08　申请号：CN201621341937U　专利权人：天津聚贤锅炉设备有限公司

本实用新型专利涉及水暖锅炉设备领域，尤其是一种环保洁净煤专用锅炉，包括炉体和燃烧室，位于该燃烧室上方的炉体内壁横向间隔安装有多个倾斜折弯上升的烟管，所述烟管下端部制出的开口分别与燃烧室上端制出的多个排烟口相连通，所述多个烟管上端部制出的开口均由炉体侧壁伸出与一排烟管道相连通，该排烟管道的一侧端部密封，其另一侧端部与一净化室相连通，所述净化室内安装有一竖直隔板，该竖直隔板将净化室分隔为水净室和积尘室，该水净室内部腔体用于容置清水，所述水净室和积尘室的上端部相连通，所述排烟管道的下端部一体安装有一浸水管，该浸水管向水净室的下端延伸，所述浸水管的下端部位于水净室容置的清水液面以下。如图5-6所示为本实用新型专利的结构示意。

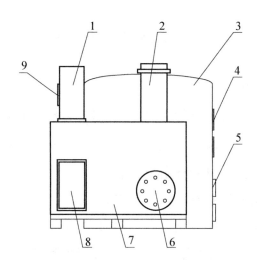

图 5-6 环保洁净煤专用锅炉结构示意

保护范围如下。

一种环保洁净煤专用锅炉,包括炉体和燃烧室,所述燃烧室安装在炉体内侧下端,位于该燃烧室上方的炉体内壁横向间隔安装有多个倾斜折弯上升的烟管,所述烟管下端部制出的开口分别与燃烧室上端制出的多个排烟口相连通,其特征在于:所述多个烟管上端部制出的开口均由炉体侧壁伸出与一排烟管道相连通,该排烟管道的一侧端部密封,其另一侧端部与一净化室相连通,所述净化室内安装有一竖直隔板,该竖直隔板将净化室分隔为水净室和积尘室,该水净室内部腔体用于容置清水,所述水净室和积尘室的上端部相连通,所述排烟管道的下端部一体安装有一浸水管,该浸水管向水净室的下端延伸,所述浸水管的下端部位于水净室容置的清水液面以下,所述积尘室与一外排烟囱相连通。

5.2 小结

专利信息在全球的经济发展起着关键作用,各种数据库和软件工具在很长一段时间内支撑着专利信息的应用和传播。专利信息学在此大背景之下应运而生，吸引着越来越多的注意力，面临着许多需要解决的课题，如日益增加的多语种的专利申请量；有着从自然科学到社会科学不同的专业背景和知识结构的专利信息用户的多样性，包括技术人员、管理者、投资者等；从防御性的知识产权研究到利用专利信息源挖掘新的技术空白点及商机。

专利信息学是一个新兴的研究领域，专利信息源是构成专利信息学的物质基础，专利信息需求是专利信息学的实践对象，专利软件系统是专利信息学的研究工具。专利信息学的未来是挖掘隐藏的知识及其关联，通过语义网提供完备的专利信息检索，完善专利分析及评估，实现专利信息的智能化。

第6章
世界能源结构概述

能源也称为能量资源或能源资源，是可以产生各种能量（如热量、电能、光能和机械能等）或可做功的物质的统称，指能够直接取得或者通过加工、转换而取得有用能的各种资源，包括煤炭、原油、天然气、煤层气、水能、核能、风能、太阳能、地热能、生物能等一次能源和电力、热力、成品油等二次能源，以及其他新能源和可再生能源。

6.1 能源的分类

能源种类繁多，而且经过人类的不断开发与研究，一些新型能源也已经能够满足人类的需求。根据不同的划分方式，能源也可分为不同的类型。

1. 按来源进行分类

按来源进行分类，可将能源分为 3 类：来自地球外部天体的能源、地球本身蕴藏的能量、地球和其他天体相互作用而产生的能量。

（1）来自地球外部天体的能源（主要是太阳能）。除直接辐射外，还能为风能、水能、生物能和矿物能等能源的产生提供基础。人类所需能量的绝大部分都直接或间接地来自太阳。各种植物通过光合作用把太阳能转换成化学能并在体内进行储存。煤炭、石油、天然气等化石燃料也是古代埋在地下的动植物在经过漫长的地质年代后形成的,其实质是由古代生物固定下来的太阳能。此外,水能、风能、波浪能、海流能等也都是由太阳能转换而来的。

(2)地球本身蕴藏的能量。地球本身蕴藏的能量通常指与地球内部的热能有关的能源和与原子核反应有关的能源,如原子核能、地热能等。

(3)地球和其他天体相互作用而产生的能量,如潮汐能。温泉和火山爆发喷出的岩浆就是地热的表现。地球可分为地壳、地幔和地核3层,它是一个大热库。地壳就是地球表面的一层,一般厚度为几千米至70千米;地壳下面是地幔,它大部分是熔融状的岩浆,厚度为2900千米,火山爆发一般就是这部分岩浆喷出;地球内部为地核,地核中心温度为2000℃。可见,地球上的地热资源储量也很大。

2. 按基本形态进行分类

按基本形态进行分类,可将能源分为一次能源和二次能源。

一次能源是指自然界中以天然形式存在并且没有经过加工或转换的能量资源,一次能源包括可再生的水力资源和不可再生的煤炭、石油、天然气资源,其中水、石油和天然气这三种能源是一次能源的核心,它们是全球能源的基础;除此以外,太阳能、风能、地热能、海洋能、生物能及核能等可再生能源也在一次能源的范围内;二次能源是指由一次能源直接或间接转换成的其他种类和形式的能量资源,例如,电力、煤气、汽油、柴油、焦炭、洁净煤、激光和沼气等能源都属于二次能源。

3. 按性质进行分类

按性质进行分类,可将能源分为燃料型能源和非燃料型能源。

燃料型能源包括煤炭、石油、天然气、泥炭、木材等;非燃料型能源包括水能、风能、地热能、海洋能等。

人类对自己体力以外的能源的利用是从用火开始的，最早的燃料是木材，之后用各种化石燃料，如煤炭、石油、天然气、泥炭等。目前正在研究利用太阳能、地热能、风能、潮汐能等新能源。当前化石燃料消耗量很大，但地球上这些燃料的储量有限。未来，铀和钍将提供世界所需的大部分能量。一旦控制核聚变的技术问题得到解决，人类将获得无尽的能源。

4. 根据能源消耗后是否造成环境污染进行分类

根据能源消耗后是否造成环境污染进行分类，可将能源分为污染型能源和清洁型能源。

污染型能源包括煤炭、石油等；清洁型能源包括水力、电力、太阳能、风能及核能等。

5. 根据能源使用的类型进行分类

根据能源使用的类型进行分类，可将能源分为常规能源和新型能源。

常规能源包括一次能源中的可再生的水力资源和不可再生的煤炭、石油、天然气等资源。新型能源是相对于常规能源而言的，包括太阳能、风能、地热能、海洋能、生物能，以及用于核能发电的核燃料等能源。由于新能源的能量密度较小，或品位较低，或有间歇性，按已有的技术条件进行转换利用的经济性尚差，还处于研究、发展阶段，只能因地制宜地开发和利用；但新能源大多数是再生能源，资源丰富，分布广阔，是未来的主要能源之一。

6. 按能源的形态特征或转换与应用的层次进行分类

世界能源委员会推荐的能源类型分为固体燃料、液体燃料、气体燃料、水能、电能、太阳能、生物能、风能、核能、海洋能和地热能。其中，固体燃料、液体燃料、气体燃料统称为化石燃料或化石能源。已被人类认识的上述能源，在一定条件下可以转换为人们所需的某种形式的能量。如薪柴和煤炭，把它们加热到一定温度后，它们能和空气中的氧气化合并放出大量的热能。我们可以用热能来取暖、做饭或制冷，也可以用热能来产生蒸汽，用蒸汽推动汽轮机，使热能变成机械能；也可以用汽轮机带动发电机，使机械能变成电能；如果把电能送到工厂、企业、机关、农牧林区和住户中，它又可以转换成机械能、光能或热能。

7. 商品能源和非商品能源

凡进入能源市场作为商品销售的，如煤炭、石油、天然气和电等均为商品能源，国际上的统计数字均限于商品能源。非商品能源主要指薪柴和农作物残余（秸秆等）。1975 年，世界上的非商品能源约为 0.6 太瓦年，相当于 6 亿吨标准煤。据统计，中国 1979 年的非商品能源约合 2.9 亿吨标准煤。

8. 再生能源和非再生能源

人们对一次能源进一步加以分类。凡是可以不断得到补充或能在较短周期内再产生的能源称为再生能源，反之称为非再生能源。风能、水能、海洋能、潮汐能、太阳能和生物能等是可再生能源；煤炭、石油和天然气等是非再生能源。地热能基本是非再生能源，但从地球内部巨大的蕴藏量来看，又具有再生的性质。核能的发展将使核燃料循环而具有增殖的性质。核聚变的能量比核裂变的能量高 5～10 倍，核聚变最合适的燃料重氢（氘）又大量地存在于海水中，可谓"取之不尽，用之不竭"。核能是未来能源系统的支柱之一。

随着全球各国经济发展对能源需求的日益增加，许多发达国家更加重视对可再生能源、环保能源及新型能源的开发与研究；同时我们也相信，随着人类科学技术的不断进步，专家们会不断开发研究出更多新能源来替代现有能源,以满足全球经济发展与人类生存对能源的高度需求,地球上还有很多尚未被人类发现的新能源正等待我们去探寻与研究。

6.2 能源结构

能源结构(Energy Structure)是指能源总生产量或总消费量中各类一次能源、二次能源的构成及其比例关系。能源结构是能源系统工程研究的重要内容,它直接影响国民经济各部门的最终用能方式,并反映人民的生活水平。各类能源产量在能源总生产量中的比例称为能源生产结构,各类能源消费量在能源总消费量中的比例称为能源消费结构。

研究能源结构,可以掌握能源的生产和消费状况及发展趋势,为调节能源供需平衡提供帮助。查明能源生产品种和数量,以及消费品种、数量和流向等方面的情况,可为合理安排开采投资和计划,以及分配和利用能源提供科学依据。同时,根据能源结构中的消费结构分析耗能情况和结构变化情况,可以挖掘节能潜力和预测未来的消费结构。不同国家能源结构因地而异,受能源的客观条件、人们对环境的要求、能源贸易及社会的技术经济发展水平等因素的影响,各国的能源结构都会有相应的变化。

6.3 世界能源结构特征

从目前来看,全球能源市场正处于转型期。能源的需求更多来自亚洲地区,而不像过去来自以较发达地区为代表的传统能源市场。随着科学技术的发展,能源的利用效率也在逐年提高,能源的消费增速正在放缓。同时，能源结构正在向更清洁、更低碳的方向转型，以适应当今环境的需求。

2016年，全球一次能源消费保持低速增长，能源消费转向更低碳的能源，其中包括太阳能、风能、核电等（以下数据来自《BP世界能源统计年鉴2017》）。

1. 能源市场总体发展情况

全球一次能源消费继2014年增长1%与2015年增长0.9%后，2016年增长1%。相比之下，过去十年平均增长率为1.8%。

除欧洲和亚洲地区外，其他地区消费增速均低于前十年平均值。这与2015年的情况一致。除石油与核能外，其他燃料增速均低于平均水平。

2016年，中国能源消费仅增长1.3%。2015年与2016年是中国自1997—1998年以来，能源消费增速最为缓慢的两年。尽管如此，中国已经连续16年成为全球范围内增速最快的能源市场。

2. 碳排放

能源消费导致的二氧化碳排放仅增加0.1%。2014—2016年是自1981—1983年以来平均碳排放增速最为缓慢的3年。

3. 石油

2016年，即期布伦特均价为43.73美元/桶，低于2015年的52.39美元/桶，是自2004年以来最低的年均价（名义价格）。

石油仍是全球最重要的燃料，占全球能源消费量的1/3。经历了1999—2014年的连续下滑后，2016年，石油所占市场份额连续第二年保持上升。

全球石油消费量增长160万桶/日，上升1.6%，连续两年高于前十年的平均增速。与前十年炼油产能平均增长100万桶/日相比，2016年炼油产能仅增长44万桶/日，由于炼油产能增速缓慢，炼厂开工率上升。与消费情况相反,全球石油产量仅增长 40 万桶/日,为 2013 年以来的最低增速。中东石油产量增长 170 万桶/日,增长主要来自伊朗(70 万桶/日)、伊拉克(40 万桶/日)和沙特阿拉伯(40 万桶/日)。中东以外的其他地区石油产量下降 130 万桶/日,下降最大的是美国(-40 万桶/日)、中国(-31 万桶/日)和尼日利亚(-28 万桶/日)。

4. 天然气

全球天然气消费量增加 630 亿立方米,上升 1.5%,低于 2.3%的前十年平均水平。欧盟天然气消费量大幅上升,增加 7300 亿立方米,较 2015 年上涨 7.1%,这是自 2010 年以来的最大增幅。俄罗斯天然气消费量(-120 亿立方米)的下滑在各国中最为显著。

全球天然气产量仅增加 210 亿立方米,上升 0.3%。北美地区产量(-210 亿立方米)的下滑部分抵消了大部分澳大利亚(190 亿立方米)和伊朗(130 亿立方米)的强劲增长。

天然气贸易上升 4.8%,这得益于液化天然气进出口贸易 6.2%的增长。

液化天然气出口的净增长(210 亿立方米)大部分来自澳大利亚(190 亿立方米)。美国液化天然气出口量由 2015 年的 7 亿立方米增加至 2016 年的 44 亿立方米。

5. 煤炭

全球煤炭产量下降 6.2%,即 2.31 亿吨油当量,创有记录以来最大跌幅。中国煤炭产量也历史性地下降 7.9%,减少 71.40 亿吨油当量。美国煤炭产量下降 19%,减少 8500 万吨油当量。

6. 可再生能源、水电和核能

2016 年,可再生能源发电(不包括水电)增长了 14.1%,低于前十年平均水平,但为有记录以来的最大增幅(5300 万吨油当量)。

在可再生能源的增长量中,超过一半源于风能的增长。太阳能虽然在可再生能源中的占比仅为18%，却贡献了约占1/3的增长量。

亚太地区取代欧洲和欧亚地区，成为最大的可再生能源产区。中国超过美国，成为全球最大的可再生能源生产国。

2016年，全球核能产量增长1.3%，增加了930万吨油当量。中国核能产量增长24.5%，全球核能生产净增长全部源自中国。中国核能增量（960万吨油当量）比任何国家的年增量都要高（自2004年以来）。

2016年，水电产量上升2.8%（2710万吨油当量）。中国（1090万吨油当量）和美国（350万吨油当量）的增长最为显著。委内瑞拉（-320万吨油当量）降幅最大。

如图6-1所示为1991—2016年全球能源消费量。

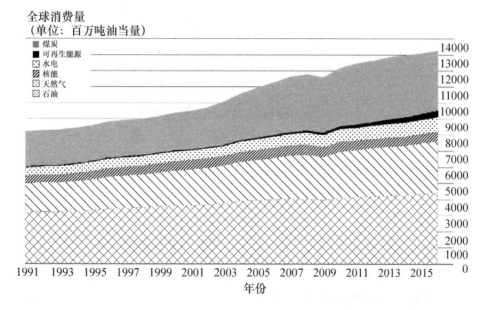

图6-1　1991—2016年全球能源消费量

资料来源：《BP世界能源统计年鉴2017》。

2016年，全球一次能源消费量增长1.0%，远低于前十年平均增速（1.8%），并且连续第三年增速不高于 1%。与 2015 年情况一致，除欧洲及欧亚大陆以外，其他所有地区的增速均低于平均水平。除石油和核能外的所有燃料增速均低于平均水平。石油是能源消费中最大的增量来源（7700 万吨油当量），其次是天然气（5700 万吨油当量）和可再生能源（5300 万吨油当量）。

如图 6-2 所示为能源结构转型情况。

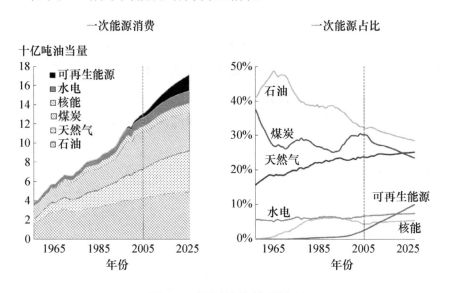

图 6-2　能源结构转型情况

资料来源：《BP 世界能源展望 2017》。

从图 6-2 可以看出，世界的能源结构在逐步转型，其中可再生能源、核能和水电在未来 20 年内的增长速度将超过其他传统能源，但是从能源消费量的角度来说，石油、天然气和煤炭仍然是主要能源。从未来发展趋势来看，石油、煤炭和天然气在未来能源占比中的份额会逐渐降低，天然气在未来会超越煤炭成为消费量全球第二的能源，这与科技发展为人类带来开发其他更低碳、更环保的能源的可能性是分不开的。

为了缓解目前人类所面临的资源和环境压力，能源方面的专家和学者纷纷把研究重心放在可再生能源等低碳能源上。

2016 年，可再生能源继续保持高速增长，其中增长最快的是风能（15.6%，131 太瓦时）和太阳能（29.6%，77 太瓦时）。虽然可再生能源在一次能源中的占比仅为 3.2%，但是它增长势头迅猛，其增量占一次能源增长的 30% 以上。

中国继续引领可再生能源增长，2016 年，中国贡献了全球可再生能源增长的 40%，超越美国成为全球最大的可再生能源生产国。

2016 年，可再生能源的增长在欧洲遇到了挫折。随着电网对来自可再生能源的电力负载率从 2015 年异常高的水平回落，2016 年，欧盟可再生能源几乎没有增长。需要注意的是，气候条件也是影响可再生能源生产的重要因素。

虽然风电一直是可再生能源增长的主力军，但是太阳能正在快速追赶，势头不容小觑。核能的发展与风能和太阳能产生了鲜明的对比，在世界范围内，核电技术的发展十分不均衡，截至 2016 年，掌握核电技术的国家的占比尚未达到 50%，而美国、中国等较早掌握核电技术的国家已经有很多年的使用历史了。中国成为世界水电（2.8%，120 太瓦时）和核能（1.3%，41 太瓦时）增长的主要来源，并且中国的核电发展正在加速：2016 年，投产了 5 个核反应堆，这是中国核能史上最高的年增长；此外，还有 20 个核反应堆正在建设中。

核能相对于其他能源来说有着不可比拟的优势：一是核能发电相对于火电等不会产生温室气体，对环境的破坏较小；二是核燃料相对于其他一次能源属于可再生能源，经过处理后能循环利用；三是核能发电所需燃料的储备量很丰富，没有像其他化石燃料那样被过度开采；四是对于像中国这样的核技术成熟的国家，核能发电的安全系数比较高。

目前包括中国、美国、俄罗斯等在内的早期掌握核技术的国家都在核能发电领域大力开展研究。

第 7 章 全球核电技术发展

▶ 7.1 核电技术发展概况

核电站是利用核裂变或核聚变反应所释放的能量产生电能的热力发电厂。由于控制核聚变仍存在技术障碍，目前商业运转中的核电站都是利用核裂变反应进行发电的。

核反应堆是一种能实现可控自持裂变链式反应的装置，常简称为"堆"。它主要由核燃料、慢化剂（快中子堆无此成分）、冷却剂、控制棒组件及其驱动机构、反射层、屏蔽层、堆内构件与反应堆压力容器等组成。在核反应堆中，核燃料发生裂变链式反应释放的热量被冷却剂带出堆芯并用来产生蒸汽，蒸汽推动汽轮机发电（类似化石燃料电厂）。

目前普遍使用的核电站是压水反应堆核电站，它的工作原理如下：用铀制成的核燃料在反应堆内进行裂变并释放大量热能；高压下的循环冷却水把热能带出，在蒸汽发生器内生成蒸汽；高温高压的蒸汽推动汽轮机，进而推动发电机旋转。核电站一般分为两部分：利用原子核裂变产生蒸汽的核岛（包括反应堆装置和回路系统）与利用蒸汽发电的常规岛（包括汽轮发电机系统）。核电站使用的核燃料一般是放射性重金属铀-235（^{235}U）或钚。

按照反应堆的形式不同，核电站分为诸多类型，主要类型如下。

7.1.1 轻水反应堆

轻水反应堆中的"轻水"是指普通的水（H_2O），只是要求其中的固体杂质和化学离子成分含量极低。在轻水反应堆中，轻水同时作为中子慢化剂和反应堆冷却剂。慢化剂的作用是将裂变释放的高速中子（称为"快中子"）减速慢化，使其可以引起更多的裂变。

选用轻水作为中子慢化剂和反应堆冷却剂并非偶然，主要是因为水具有优越的中子慢化性能和热物理特性，与燃料棒包壳、结构及回路材料具有良好的化学相容性，而且价格低廉、易于获得。由于水有很大的反应性负温度系数，使得反应堆具有较好的"固有安全性"；另外，可以充分利用常规蒸汽动力装置的水介质技术，所以，轻水反应堆是目前世界上应用最广泛的堆型。但是由于水的热中子吸收截面较大，因而轻水堆不可将天然铀作为燃料，必须使用富集铀。在反应堆使用过程中，部分 ^{238}U 核吸收中子转变成易裂变的 ^{239}Pu，它可以部分补偿 ^{235}U 核裂变的消耗。

轻水反应堆可分成两大家族：压水反应堆（PWR 或俄罗斯版的 VVER）和沸水反应堆（BWR）。

1. 压水反应堆工作原理

压水反应堆核电站具有功率密度高、结构紧凑、安全易控、技术成熟、造价和发电成本相对较低等特点，因此，它是目前国际上广泛采用的商用核电站堆型，占轻水反应堆核电机组总数的 3/4。如图 7-1 所示为压水反应堆核电站工作原理示意。在反应堆工作压力下保持液态的轻水（H_2O），作为冷却剂由主泵唧送（泵送）流经反应堆堆芯时，吸收堆芯产生的热量而升温。当其流经蒸汽发生器传热管的一侧（一次侧）时，将热量传给传热管另一侧（二次侧）的二回路水，使之转变为蒸汽，驱动汽轮机，带动发电机发电。温度下降的冷却剂被送回堆芯，构成一回路循环。由于高温水的饱和蒸汽压高,为了使反应堆内的水保持液态不沸腾,反应堆必须在高压下运行。压水反应堆核电站的反应堆和一回路的工作运行压力约为15.5MPa。

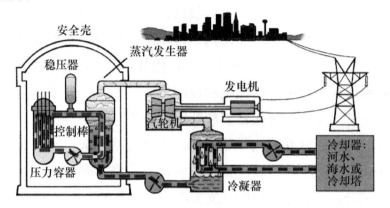

图 7-1　压水反应堆核电站工作原理示意

压水反应堆核电站的部分重要组成如下。

1) 燃料组件

二氧化铀(UO_2)芯块或混合的铀、钚氧化物(UO_2、PuO_2)MOX(Mixed Oxide)芯块叠装在管状燃料棒内。燃料棒有规则地排列组成燃料组件,并列竖直布置构成反应堆堆芯。

2) 控制棒

控制棒由中子吸收材料(如镉铟银合金等)制成,由驱动机构将其插入堆芯或从堆芯中抽出来控制反应堆的功率。

3) 压力容器

压力容器是一种厚壁钢容器,用来包容反应堆堆芯和慢化剂/冷却剂。

4) 蒸汽发生器

蒸汽发生器是一种专用热交换器。冷却剂带出的反应堆热量在这里产生蒸汽并供给汽轮机。

5）稳压器

稳压器是用来稳定和调节反应堆工作压力的设备。

6）安全壳

安全壳是一个围绕反应堆且承载能力非常强的建筑物，用来保护反应堆免受外部入侵，以及保护外部环境免受其内部重大事故的辐射影响。典型安全壳是壁厚达1米左右的混凝土和钢结构。

2. 沸水反应堆工作原理

如图 7-2 所示为沸水反应堆核电站工作原理示意。沸水反应堆与压水反应堆的最大区别在于，其取消了蒸汽发生器，允许轻水在堆内直接受热产生蒸汽以用于发电。不过，这样就会对二回路循环和汽轮机造成辐射污染，因此必须对这些设备部件进行防护。由于水可以在堆内沸腾，沸水反应堆的运行压力比压水反应堆低，但是由于产生蒸汽的汽水分离器、蒸汽干燥器要安装在压力容器上方，所以，其压力容器比压水反应堆大得多，而控制棒驱动机构则不得不安装在压力容器的下方。

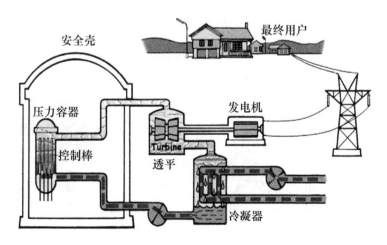

图 7-2　沸水反应堆核电站工作原理示意

7.1.2 重水反应堆（PHWR）

重水反应堆是采用重水（D_2O）作为慢化剂的热中子反应堆。可以将重水、普通水、二氧化碳和有机物作为冷却剂。重水的热中子吸收截面很小，可以采用天然铀燃料。铀燃料的利用率高于轻水反应堆，燃烧过的燃料的 ^{235}U 含量仅为 0.13%，乏燃料不必进行后处理。这种反应堆可以作为生产堆、动力堆和研究堆使用。堆内中子经济性好，可生产氚或发展成为先进的转化堆。

加拿大原子能有限公司（AECL）研发的卧式压力管式天然铀重水慢化和冷却的 CANDU 重水反应堆是发电用重水反应堆的成功典型，已经出口多个国家。CANDU 重水反应堆采用天然二氧化铀作为燃料，将重水作为冷却剂和慢化剂。CANDU 重水反应堆堆芯为一个不锈钢制的卧式圆筒形排管容器，几百个水平的压力管式燃料通道穿过排管容器两端的端板。高温高压的重水冷却剂从压力管内燃料棒束的缝隙中流过，把热量带到立式倒置 U 形管式蒸汽发生器中，把热量传递给外部的轻水，产生高温高压蒸汽来驱动汽轮发电机发电。排管容器内盛放重水慢化剂，重水慢化剂处于常压、70℃下，如图 7-3 所示。

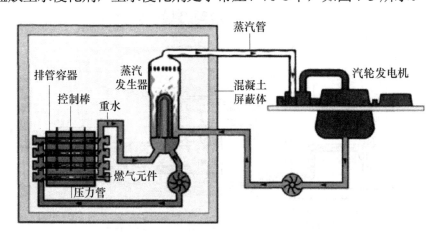

图 7-3　CANDU 重水反应堆示意

7.1.3 气冷堆

采用气体作为冷却介质的核反应堆称为气冷堆。气冷堆的发展历程可分为四个阶段,分别为第一代镁诺克斯堆,第二代改进型气冷堆,第三代高温气冷堆及第四代模块式高温气冷堆。

在第一代镁诺克斯堆中,慢化剂为石墨,冷却剂为二氧化碳,燃料元件的原料为天然铀,包壳的主要结构为镁基合金。其中,冷却用的原料压力约为 2MPa,出口温度约为 400℃,核电站的热效率约为 30%。1956 年,英国建成 50MWe 气冷堆电站。20 世纪 70 年代初期,英国、法国、意大利、日本和西班牙等共同建造了 37 座气冷堆核电站,总装机容量达到 8360MWe。但第一代气冷堆基础建设投资过大,导致发电成本很高,研发设计并未坚持下来。

如图 7-4 所示为镁诺克斯堆结构示意。

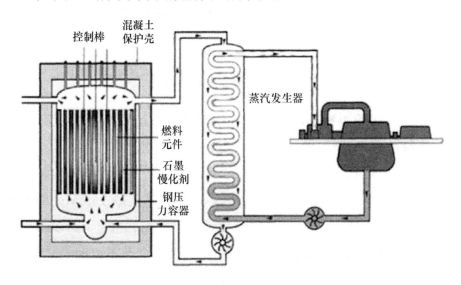

图 7-4　镁诺克斯堆结构示意

第二代气冷堆在第一代气冷堆的基础上,将燃料元件的原料改为浓度更高的二氧化铀,燃料元件承受高温的能力和耐力大大加强。

制冷原料排出温度被提升至 650℃。英国于 1963 年建成了第二代 32MWe 的原型堆。1976—1988 年，世界上共有 15 座第二代气冷堆，总装机容量为 8872MWe。但第二代气冷堆的结构材料与二氧化碳冷却剂很容易发生化学反应，而且传热能力不佳，最终导致其在经济性和安全性两方面都无法尽如人意。

如图 7-5 所示为第二代改进型气冷堆结构示意。

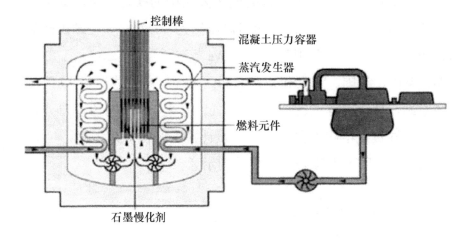

图 7-5　第二代改进型气冷堆结构示意

随着科研的不断推进，开始使用热力学性能良好、化学反应机理呈惰性的氦气作冷却剂，这便是第三代高温气冷堆。英国于 1960 年建造了 20MWth 的高温气冷试验堆 Dragon；美国于 1967 年建成 40MWe 的 Peach Bottom 实验堆；德国于 1967 年建成 15MWe 的球床高温气冷堆，并发展了具有自己特色的球形燃料元件和球床高温堆。这 3 座实验堆的成功运行，证明了高温气冷堆在技术上是可行的。

如图 7-6 所示为高温气冷堆（HTR-10）结构示意。

1981 年，德国电站联盟（KWU）/国际原子能公司（Interatom）首先提出模块式球床实验堆的概念，其特点为具有固有安全性，即在技术上确保在任何安全事故中能够安全停堆，即使在冷却剂流失的情况下，堆芯余热也可依靠自然对流、热传导和辐射导出至堆外，使堆芯温度上升缓慢，燃料元件的最高温度限制在 1600℃以下；经济性好，即通过模块式组合和标准化生产，具有建造时间短和投资风险小的优势，因而在经济上可与其他堆型竞争。由于上述优点，模块式高温气冷堆已成为国际上高温气冷堆技术发展的主要方向。

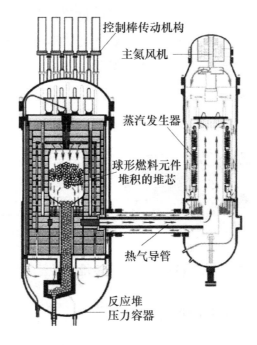

图 7-6　高温气冷堆（HTR-10）结构示意

目前国外主要有两种模块式高温气冷堆设计，即南非设计的 PBMR（Pebble Bed Modular Reactor）和美国与俄罗斯联合设计的 GT-MHR（Gas Turbine Modular Helium Reactor）。两种设计均采用环形堆芯设计，分别采用球形和棱柱形燃料元件。两种设计都采用直接循环氦气透平机组发电。PBMR 反应堆实际上是德国 HTR-Module 的延展，反应堆热功率由 200MW 提高到了 400MW。GT-MHR 反应堆是 MHT GR-350 的延展，反应堆热功率由 350MW 提高到 600MW。

采用球形燃料元件的球床高温气冷堆（球床堆）和采用六角棱柱形石墨燃料元件的棱柱床高温气冷堆（棱柱床堆）各有优缺点：球床堆可以不停堆装、卸料，实现燃料元件循环使用，因而功率分布和燃耗比较均匀，反应堆的可利用率高，后备反应性小，这些都提高了经济性和安全性；但装换料系统比较复杂，反射层不易更换，需要使用长寿命、耐辐射的石墨。棱柱床堆的优点是堆芯易做成环状，有利于传热，且氦冷却剂在堆芯的压力降小，石墨反射层容易更换，对石墨要求较低；缺点是需要停堆更换燃料，反应堆后备反应性大，经济性差。

如图 7-7 所示为两种模式的高温气冷堆燃料元件示意。

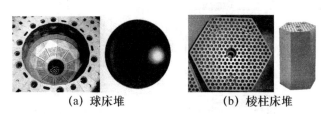

(a) 球床堆　　　　　　(b) 棱柱床堆

图 7-7　两种模式的高温气冷堆燃料元件示意

7.1.4　快中子增殖堆（FBR）

快中子增殖堆是有快中子产生链式裂变反应的反应堆，简称快堆。快堆中没有慢化剂，迄今建成的快堆全部使用液态钠作为冷却剂，故又称为钠冷快堆。快堆是目前唯一实现的核燃料增殖堆型，由于燃料得到增殖，所以，称为快中子增殖堆。快堆在运行时真正消耗的是在热中子堆中不大能裂变、在天然铀中占 99.2%以上的 ^{238}U。所以，发展快堆和闭式燃料循环可将铀资源的利用率从单纯发展热中子堆的 1%左右提高到 60%～70%。快堆是我国核能可持续大规模安全发展和替代化石燃料、减少 CO_2 排放的关键堆型。

快堆燃料中易裂变材料的比例应尽量大，在燃料方面，将 PuO_2 和 UO_2（Pu 占 15%～30%）的混合物粉末做成烧结陶瓷芯块，装入不锈钢包壳管制成细燃料棒，将 200～300 根燃料棒按三角形排列，制成带有不锈钢外套管的六边形燃料组件。快堆的堆芯由 200～300 个这样的燃料组件组成，但堆芯仍比热中子堆小得多，因此，快堆对传热的要求很高。

快堆的一回路布置分为池式和回路式两种形式。池式（见图 7-8）是将一回路设备全部布置在一个充钠的大池内，包含堆本体、至少 3 台中间热交换器和至少 3 台钠泵。回路式将堆本体、中间热交换器和钠泵分别布置在单独的容器和屏蔽充氮气的隔间内，用管道相互连接。另外，无论是池式还是回路式，快堆装置都用一个中间回路将放射性钠与水隔开，以确保无放射性外逸。由一回路放射性钠把热量传给中间回路的非放射性钠，后者再把热量传给二回路的水，使其变成蒸汽，驱动汽轮机发电机组。

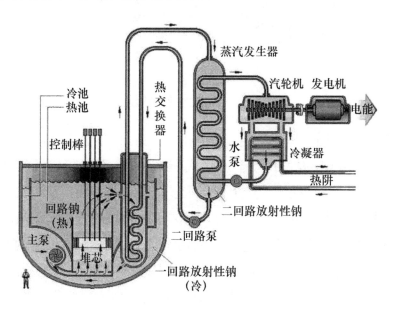

图 7-8　钠冷快堆结构示意

7.1.5 俄罗斯石墨沸水堆（RBMK）

石墨沸水堆技术源自军用钚生产堆。该种堆是以石墨为慢化剂、以水为冷却剂的热中子反应堆。堆芯用大量核纯石墨砌体堆砌而成。石墨砌体内设有两三千个垂直孔道，内插可更换的石墨套管。套管中再插入铝合金工艺管，将冷却水同石墨慢化剂隔开。工艺管内装有棒状或管状燃料元件。冷却水在堆芯的工艺管道内吸热沸腾而产生蒸汽，推动汽轮发电机发电，如图7-9所示。

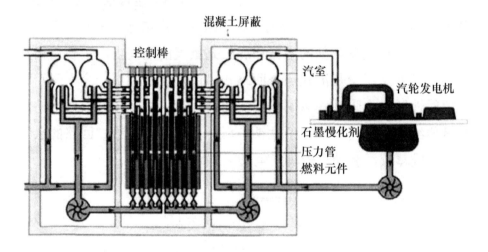

图7-9　石墨沸水堆结构示意

第一座石墨水冷堆核电站是苏联建造的奥布宁斯克核电站，电功率为5000kW。从20世纪60年代中期开始，苏联将建堆重点转向石墨水冷堆，在其技术改进上做了很多努力。一方面，设法加大单堆功率；另一方面，设法简化系统，将加压水载热改为沸水载热。按这条技术路线开发出了单堆电功率为1000MW的RBMK机组。自1973年起，苏联建造运行了一批这种核电站，境内共建了20台机组。

但自1986年4月26日切尔诺贝利核电站4号机组发生超临界爆炸事故后，这种堆型暴露出许多核安全方面的固有缺陷，如存在反应性正温度效应、控制棒组速度过慢引进正反应性、未建安全壳及操作人员培训严重不足等，引起了世界核电界各方面的重视。苏联政府决定不再建造新的 RBMK 型核电站。

7.2 第三代核电站技术

人们通常将 20 世纪 50—70 年代初建造的首批原型堆/示范堆核电站称为第一代核电站。受当时技术限制，第一代核电站功率普遍较小，一般在 300MW 以下，建造的主要目的是通过试验示范来验证核电的工程实施可行性。1954 年，苏联建成电功率为 5MW 的实验性核电站，1957 年，美国建成电功率为 90MW 的希平港原型核电站，这些证明了核能用于发电是可行的，国际上把上述实验性和原型核电机组称为第一代核电机组。早期原型堆代表：美国码头市核电站、英国镁诺克斯气冷堆（共 26 座）、法国天然铀石墨气冷堆、美国恩里科·费米核电站和美国德累斯顿核电站。

20 世纪 60 年代后期，在实验性和原型核电机组的基础上，陆续建成电功率在 300MW 以上的压水反应堆、沸水反应堆、重水反应堆等核电机组，它们在进一步证明核能发电技术可行性的同时，也证明了核电的经济性可与火电、水电竞争。目前世界上商运的 400 多台核电机组绝大部分是在这段时间建成的，它们被称为第二代核电机组。其设计运行寿命为 30～40 年，堆故障率为 10 万年一次，包括压水反应堆、坎度重水反应堆（CANDU）、沸水反应堆、先进气冷堆（从英国镁诺克斯气冷堆发展而来，采用石墨慢化剂、二氧化碳气冷）和 VVER。

"第二代+"技术是 2000 年以后建造的一些现代化改进堆型，运行寿命为 50～60 年。中国改进型压水反应堆核电技术（CPR1000）是核电站"第二代+"技术的典型代表。

7.2.1 第三代压水反应堆

为了提高核电站的安全性和经济性，同时为了扭转满足美国核管会（NRC）安全要求的被动局面、提高获取安全许可证的稳定性，以促使设计和建造顺利进行并降低投资风险，20世纪90年代，美国电力研究院（EPRI）出台了"先进轻水堆用户要求"，即URD（Utility Requirements Document），用一系列定量指标规范核电站的安全性和经济性。随后，欧洲出台的"欧洲用户对轻水堆核电站的要求"，即EUR（European Utility Requirements），也表达了类似的看法。国际上通常把满足URD或EUR要求的核电机组称为第三代核电机组。

URD和EUR的主要关注点如下。

（1）进一步降低堆芯融化和放射性向环境释放的风险，使发生严重事故的概率减少到极致，以消除社会公众的顾虑。

（2）进一步减少核废物（特别是强放射性和长寿命核废物）的排放量，寻求更加安全环保的核废物处理方案，减少对人员和环境的放射性影响。

（3）降低核电站每单位千瓦的造价，缩短建设周期，提高机组热效率和可利用率，延长寿期，进一步改善其经济性。

各国在研发同时满足URD/EUR要求和核安全监管机构要求的第三代压水反应堆时，出现了两种不同的走向。

第一种是美国西屋公司研发的以全非能动安全系统、简化设计和布置及模块化建造为主要特色的AP1000。非能动安全系统采用加压气体、重力流、自然循环流及对流等自然驱动力，而不使用泵、风机等能动部件；无须运行人员操作和安全级支持系统就能保证安全，使系统大大简化，同时采用模块化设计。硬件设备均采用成熟技术。AP1000因其全新的概念而称为革新型设计。我国三门核电站

1号机组的建设成为AP1000的首堆工程。

第二种是法国、德国合作开发的欧洲压水反应堆EPR。它立足于成熟技术的逐渐演进，着重利用能动安全系统，用加大机组容量的规模效应来补偿经济性，被称为改良型设计。芬兰最先建造EPR核电站。

1. AP1000

AP1000是美国西屋公司开发的一种双环路1117MW的第三代先进型PWR机组，它是1999年12月获得NRC设计许可证的AP600在设计逻辑上的延伸。AP1000的基本设计与AP600相同，特别是在非能动安全系统的设计方面，但其提高了功率输出水平，以提高经济性。

AP1000具有以下设计特点。

（1）采用先进、成熟技术改进反应堆冷却剂系统设计。

AP1000的反应堆冷却剂系统（RCS）由2条传热环路组成，每条环路包括1台蒸汽发生器、2台反应堆冷却剂泵、1个单一的热段和2个冷段，用于反应堆和蒸汽发生器之间的冷却剂循环。系统还包括1台稳压器、内部连接管道、阀门和用于运行控制和安全保护启动的仪表。

（2）采用非能动安全系统设计。

利用加压气体、重力流、自然循环流及对流等自然驱动力，不使用泵、风机或柴油发电机等能动部件，而且可以在没有交流电源、设备冷却水、厂用水，以及供暖、通风与空调（HVAC）等安全级支持系统的条件下保持正常运行功能。控制安全系统所要求的操作员操作的数量，使复杂程度都达到最低，但这是通过尽量取消操作员的动作而不是将其自动化来实现的。

非能动的安全系统主要包括：

- 非能动堆芯冷却系统。该系统通过使用 3 个非能动水源（堆芯补水箱、安注箱和安全壳内换料水贮存箱）及两套100%能力的非能动余热热交换器实现堆芯余热排出、安全注入和卸压功能。
- 非能动安全壳冷却系统。AP1000 采用双层安全壳。钢制内层安全壳提供了将安全壳内的热量排出并释放到大气中的传热表面。通过空气流的自然循环把安全壳容器上的热量排出。在发生事故时，水的蒸发将作为空气冷却的补充，重力疏排的水来自位于安全壳屏蔽厂房顶部的水箱。
- 主控室应急可滞留系统和安全壳隔离系统。通过非能动安全设计和设施实现其功能。主控室应急可滞留系统在事故发生后为主控室提供新鲜空气、冷却和增压。在接收到主控室高辐射信号以后，该系统自动启动运行，隔离正常的控制室通风通道并开始增压。一旦系统开启运行，所有功能都是完全非能动的，它使得主控室保持一个略为正压的状态，以尽量减少周围区域气载污染物的渗入。

（3）先进的全数字化仪控系统。

主控室设计吸纳了多年的人因工程研究成果，改善了可运行性，减少了运行差错的可能性。

（4）系统大大简化。

分析表明，与第二代 PWR 相比，AP1000 阀门减少了50%，泵减少了35%，管道减少了20%，加热通风和冷却设备减少了20%，抗震建筑物体积减少了45%，电缆减少了30%。

（5）极低的严重事故发生概率。

AP1000 堆芯损坏频率约为 $2.4 \times 10^{-7}/a$，远低于 $1 \times 10^{-5}/a$ 的要求

值,并且大量放射性释放频率为 1.95×10^{-8}/a,也在规定的 1×10^{-6}/a 以内。

(6) 模块化设计。

由于设计简化及大量的模块化设计,预计建造周期(从浇灌第一罐混凝土到堆芯燃料装载)只需要 36 个月。

2. EPR

欧洲压水反应堆(EPR)属于第三代先进型 PWR,是法国和德国核能界以现有的大型压水反应堆 N4 堆和 Konvoi 堆为基础,改进开发的先进压水反应堆,代表了法国、德国 PWR 技术的最高水平。目前该项目属于法马通 AREVA 公司。

EPR 机组的设计热功率为 4250MW,电功率为 1500~1600MW,设计寿命为 60 年,燃料组件共有 241 个,燃料活性段长度为 4200mm,燃料设计铀燃耗为 60000MWd/tU,采用双层安全壳(一次安全壳为预应力混凝土,二次安全壳为钢筋混凝土)。

EPR 遵循了 EUR 的相关要求,设计既有成熟性,又有先进性。EPR 的设计改进主要体现在如下方面。

(1) 反应堆冷却剂系统。

反应堆冷却剂系统主要部件体积大于现在运行的 PWR 机组。较大的压力容器可以容纳较大的堆芯,以降低功率密度,增加热工安全裕量;同时降低压力容器内壁快中子注量率,延长压力容器使用寿命,加大稳压器和蒸汽发生器二次侧容积,改善电厂对瞬态的响应能力。

(2) 重要安全系统及其支持系统。

核电站重要安全系统及其支持系统设计有 4 个冗余系列(安全注入、应急给水、设备冷却、应急电源),并分别安装在 4 个独立的区域中,每个系列与反应堆冷却剂系统的一个环路相连。

(3)仪控系统。

采用先进的全数字化仪控设计和主控室设计,保护系统采用四重冗余结构,采用"2/4"逻辑,具有较高的可靠性。

(4)严重事故对策。

设计考虑了严重事故预防和缓解的手段和措施,具体如下:依靠余热排出系统的可靠性,辅以稳压器卸压阀的卸压措施,防止高压堆芯熔化;考虑预防堆芯熔融物与混凝土相互作用以减少氢的产生量,并通过氢复合器和氢燃烧器减少氢在安全壳中积聚造成高载荷氢爆的危险;通过提供干式的堆腔和干式的扩展隔间,防止在压力容器破损期间,在压力容器外燃料与冷却剂相互作用的情况;尽量减少冷却熔穿压力容器的堆芯熔融物的喷淋水量,防止蒸汽爆炸危及安全壳的完整性;采用圆筒状的双层安全壳,其中第一层安全壳设计压力为 0.75MPa,有足够的裕度包容严重事故的后果,同时保证安全壳的压力不超过设计压力;利用保持负压的双层安全壳的环形空间,收集所有泄漏物,保证尽量少的放射性物质释放到环境中。

(5)极低的严重事故发生概率。

EPR 总体安全设计方案遵循法国、德国联合制定的"未来 PWR 核电站通用安全方案的建议",采用确定论方法与概率论方法相结合的双重策略:第一,在电厂设计时利用确定论设计基准,改进事故预防措施,减少严重事故的发生概率;第二,采用正确的处理措施,缓解严重事故的后果。由于在设计中成功采用以上策略,使堆芯熔化概率降低到 10^{-6}/堆年以下,并能实现在发生严重事故时,核电站附近不需要采取人员撤离或迁移的场外应急响应措施。

3. 罗斯压水反应堆（WWER）

WWER 是苏联发展的压水动力堆的简称。苏联独立发展的 WWER 与源自美国的 PWR 压水反应堆的基本原理和工艺流程相同，差异如下。

于 20 世纪 70 年代建成投产的第一代 WWER-440（V-230 型）未设置专设安全系统（应急堆芯冷却系统）和安全壳，基本上不具备应对严重事故的措施。于 20 世纪 80 年代前期建成的第二代 WWER-440（V-213 型）是在 V-230 型的基础上加以改进形成的，增加了一个"起泡冷凝塔"。在发生失水事故时，各隔间的蒸汽流向该塔并得到冷凝，从而降低压力，使各隔间不会超压并保持密封性。第三代 WWER-1000（V-320 型）是在 20 世纪 80 年代后期建成的。它继承了 WWER-440（V-213 型）的优点，并增设了安全壳，同西方 PWR 的安全标准基本一致。

我国田湾核电站采用的 AES-91/V-428 型压水反应堆在燃料和控制棒等方面比 V-392 型又有较大的改进。此外，还采用了全数字化仪控系统，在堆腔下方增设了堆芯熔融物捕集系统，同时采用双层安全壳。总体来说，AES-91/V-428 型压水反应堆的安全性和经济性同世界上正在建设的先进压水反应堆的水平相当。

7.2.2 第三代沸水堆

先进型沸水堆是在多年来沸水堆设计和运行经验的基础上改进发展起来的，其也是目前唯一经过运行考验的第三代先进型核电机组。本书仅介绍 ABWR。

ABWR 的研发工作始于 1978 年，其后，GE 公司与瑞典 Asea 原子能公司、意大利 Ansaldo 公司，以及日本的日立、东芝共同完成了概念设计。1985 年，GE、日立、东芝三家公司共同完成了基本设计。1994 年 7 月 13 日，ABWR 获得最终设计批准（FDA），这是美国核管会批准的第一个先进核电反应堆，1997 年 5 月，ABWR 获得 NRC 标准设计证书。

ABWR 是目前最先进的沸水反应堆，它除了具有 BWR 的特点和优点，如直接循环、大的负空泡反应性系数、采用流量加控制棒调节功率等，还具有以下特征：

（1）将原来 BWR 安装在压力容器外侧的反应堆冷却剂再循环泵改为安装在压力容器内部的内置泵，实现了核蒸汽供应系统的一体化设计，使得压力容器在堆芯上沿以下部位不再有大口径管嘴，大大降低了失水事故发生后堆芯裸露的风险和堆芯熔化的概率。

（2）采用并改进了经过验证的电机驱动和水力驱动相结合的电动—水力微动控制棒驱动系统（FMCRD），提高了正常运行时反应性控制的精度和紧急停堆的快速、可靠性。

（3）应急堆芯冷却系统（ECCS）分 3 区设置了 3 套独立的、符合冗余性和多样性要求的子系统。各区子系统配备独立的供电、控制保护及其他支持系统，保证了在事故条件下 ECCS 抑制和缓解事故后果的可靠性和有效性。

（4）带有弛压水池的抑压式安全壳设计能保证在发生失水事故或严重事故时，通过弛压水池的非能动设计有效抑制安全壳内压力的上升，洗涤破口流量中夹带的裂变产物，并为 ECCS 系统提供重要的可靠水源，为缓解严重事故及减轻放射性释放后果提供了重要、有效的保障。

（5）采用的全数字化仪表和控制系统技术及容错结构，有助于 ABWR 电站安全、高效、可靠运行。

（6）采用"控制栅元"堆芯设计和运行方案，即在反应堆运行时仅由少数预先确定的控制棒（一般少于控制棒总数的 1/10）组成的控制棒组在堆芯内上下移动来参与补偿整个运行寿期内的反应性变化。该设计减少了控制棒组迭换和控制棒插入或抽出对功率分布的扰动，简化了运行，并提高了运行的可靠性和安全性。

（7）采用通过改变流量的"谱移控制"运行方式，即在循环初期、中期降低堆芯流量，以增加空泡份额，中子能谱变"硬"，促进钚的生成和积累；而在循环末期增加堆芯流量，以减少空泡份额，使中子能谱变"软"，促使已积累的钚更多地参与裂变，以获得可利用的反应性，从而增加燃料的利用率。

由于以上特点，ABWR 核电站具有较高的安全水平和经济竞争力。但是 ABWR 也有弱点，特别是其带有放射性的反应堆冷却剂形成的蒸汽直接进入常规岛，给常规岛设备和厂房带来一定的辐照影响，提高了运行时常规岛的屏蔽要求和维修时的辐射防护要求。

7.2.3 先进 CANDU 堆

AECL 设计的"第三代+"核电机组——先进 CANDU 堆（ACR-1000）是一种具有 60 年设计寿期的 1200MW 核电机组。其在保持了成熟的坎杜设计特性的基础上，在低压排管容器内将重水作为慢化剂、将轻水作为冷却剂。一系列先进技术的运用使得 ACR 的安全性、经济性、可维修性和运行性能达到最佳。该机组 80%的设计特性、设备和规格都是基于 CANDU6 型参考机组的。

ACR-1000 的创新设计如下。

- 更紧凑的堆芯设计。
- 采用钢衬里且壁厚达 1.8 米的安全壳厂房,可承受飞行器撞击。
- 采用轻水堆冷却剂，减少了重水存量，并降低了相关费用和废物排放。
- 采用更厚的压力管和更厚、更大的排管。

- 采用不锈钢供料器和集管。
- 采用机械区域控制棒,固体棒足以保证停堆,无须使用调节棒。
- 在先进的 Canflex-ACR 燃料棒束中使用低浓铀燃料,实现负的空泡反应性。
- 可使用其他类型燃料,如混合氧化物(MO_x)、钍和锕系元素。
- 通过在冷却剂和蒸汽供应系统中使用较高的压力和温度,提高机组的热效率。
- 采用加强防止事故和堆芯损毁的设计。
- 进一步加强非能动安全性。
- 根据用户的经验反馈提高了可操作性和可维护性。
- 采用分布式控制系统/机组显示系统,加入了人因工程的现代化控制中心。
- 通过"Smart Candu"先进在线诊断系统改善机组实绩。
- 采用四象限设计(Four Quadrant Design):将基本运行和安全系统分为 4 个区,允许在线维护,提高了停堆灵活性。

AECL 已完成 ACR-1000 的设计工作,并准备投放市场。相关的设计、工程施工、制造方面的系统简化和改进,在提高 ACR-1000 的固有安全性和运行性能的同时,还将降低机组的造价,并缩短施工工期。所有 ACR-1000 的创新特性已经或将在第一个 ACR-1000 建设项目开始前得到完全的测试和验证。

7.3 第四代核能系统

第四代核能系统的概念(有别于核电技术或先进反应堆)最先由美国能源部的核能、科学与技术办公室提出,最早出现在 1999 年

6月美国核学会夏季年会上,在同年11月的该学会冬季年会上,发展第四代核能系统的设想得到进一步明确。2000年1月,美国能源部发起并约请阿根廷、巴西、加拿大、法国、日本、韩国、南非和英国的政府代表开会,讨论开发新一代核能技术的国际合作问题,在取得广泛共识的同时发表了"九国联合声明"。随后,由美国、法国、日本、英国等核电发达国家组建了"第四代核能系统国际论坛"(GIF),拟于2~3年内制订相关目标和计划。这项计划的目标是在2030年左右,向市场推出能够解决核能经济性、安全性、废物处理和核扩散问题的第四代核能系统(Gen-Ⅳ)。

第四代核能系统开发的目标如下:在2030年前创新地开发出新一代核能系统,使其安全性、经济性、可持续发展性、防核扩散能力、防恐怖袭击能力等都有显著提高;研究开发不仅包括用于发电或制氢等的核反应堆装置,还包括核燃料循环,从而达到组建完整核能利用系统的目标。

第四代核能系统的具体技术目标如下:①核电机组投资不超过1000美元/千瓦,发电成本不超过3美分/千瓦时,建设周期不超过3年;②极低的堆芯熔化概率和燃料破损率,人为错误不会导致严重事故,不需要厂外应急措施;③尽可能减少核从业人员的职业照射剂量,尽可能减少核废物产生量,有完整的核废物处理和处置方案,其安全性能被公众接受;④核电站本身要有很强的防核扩散能力,核电技术和核燃料技术难以被恐怖主义组织利用;⑤全寿期和全环节的管理系统;⑥国际合作开发机制。

2002年,GIF对最有希望的未来反应堆概念进行了选择,选择了在能源可持续性、经济竞争性、安全和可靠性,以及防扩散和外部侵犯能力方面最具前景的6种核系统作为第四代核能系统来发展,包括3种快堆系统和3种热堆系统。具体介绍如下。

7.3.1 氦气冷快堆（GFR）系统

GFR系统是一种快中子能谱的氦冷却反应堆，具有闭合燃料循环特征。像热中子谱氦冷却反应堆一样，由于使用氦作为冷却剂，所以出口温度高，这就有可能高效率地发电、产氢或进行热处理。其功率为288MW，出口温度为850℃，为提高热效率采用布雷顿循环气体透平机。

为了在高温下运行并确保极少裂变产物的滞留，GFR系统提出了几种候选燃料形式，包括合成的陶瓷燃料、先进的燃料颗粒或具有锕系化合物的陶瓷包壳元件。

GFR系统使用一个直接循环的氦透平机发电，或用它处理氢热化学产品的热量。通过将快能谱和锕系元素完全循环相结合，GFR系统把长寿命放射性废物减少到最少。在一次通过循环中，GFR快中子谱在有效利用裂变材料和增殖材料（包括贫铀）方面比热能谱反应堆更有效。

7.3.2 铅合金液态金属冷却快堆（LFR）系统

LFR系统具有快中子能谱，为铅或铅/铋共晶液态金属冷却反应堆，拥有一个能有效增殖铀和管理锕系元素的闭合燃料循环。该循环可以对锕系元素进行完全燃料再循环，拥有主要或局部燃料循环设施。

LFR系统电厂装机容量可变，包括具有非常长的换料间隔期的50～150MW电池、装机容量为300～400MW的模块系统，以及装机容量为1200MW的大型整体式电厂。

该系统燃料以金属或氮化物为基础，包括可增殖的铀和超铀元素。LFR 反应堆系统采用自然对流循环冷却，出口温度为 550℃，如果采用先进的耐热材料，出口温度可以提高到 800℃。在温度升高后，热化学过程将产生氢。

LFR 电池是一种由工厂制造的小型"交钥匙"电厂，在非常长的换料周期年（15～20 年）内以闭合燃料循环运行，堆芯采用盒式结构或可替换的反应堆模块。这种设计是为了满足小规模电网发电的需要，这种 LFR 电池的设计适合那些希望利用核能，而不愿在本国进行燃料循环的发展中国家使用。

7.3.3 液态金属钠冷却快堆（SFR）系统

SFR 系统为快中子能谱钠冷却反应堆，为有效管理锕系元素和转换能增殖的铀，其燃料循环为闭合循环。燃料循环使用完全的锕系元素再循环，主要有两种可供选择的方案。

一种方案为使用铀钚—少量的锕系元素—锆合金燃料的中等规模装机容量（150～500MW）的钠冷却反应堆，其燃料循环基于同反应堆一体化的高温冶金处理设备。

另一种方案为使用混合铀—钚氧化物燃料的中大规模（500～1500MW）钠冷却反应堆，燃料循环在一组反应堆中心位置的先进水处理设施中进行。

上述两者的堆芯出口温度大约为 550℃。

SFR 系统是针对高放废物的管理，尤其是对钚和其他锕系元素的管理而设计的。该系统的重要安全性包括热响应时间长，具有大的冷却剂沸腾裕度，一回路系统运行接近大气压，在一回路系统中的放射性钠和电站中的水与蒸汽之间设置了一个中间钠系统。随着费用的减少，SFR 能够用于电力市场。在一次通过循环中，SFR 快中子能谱有效利用裂变材料和增殖材料（包括贫铀）的可能性大大高于热能谱反应堆。

7.3.4 熔盐反应堆（MSR）系统

MSR 系统通过超热中子能谱反应堆和全部锕系元素再循环燃料循环，在一个混合的熔盐燃料循环中产生裂变能。在 MSR 系统中，燃料是一个包括钠、锆与氟化铀的循环液体混合物。熔盐燃料通过石墨堆芯通道，产生超热中子谱。在熔盐中产生的热量通过一个中间热量交换器传送到二次冷却系统中，然后通过一个三次热交换器传送到电力转化系统中。与之相关的电厂功率为 1000MW。MSR 系统的出口温度为 700℃，若提高热效率，出口温度也可以提高到 800℃。

闭合燃料循环能够有效燃烧钚和较少的锕系元素。MSR 系统的液体燃料中允许添加钚之类的锕系元素，并可以避免燃料加工的步骤。液态冷却剂中的氟化物产生锕系元素和大多数裂变产物。熔化的氟化盐具有极好的传热性和很低的蒸汽压力，可减少压力容器和管道上的压力。

7.3.5 超临界水冷反应堆（SCWR）系统

SCWR 系统是在水的热力学临界点（374℃、22.1MPa 或 705F、3208psia）以上运行的高温、高压水冷反应堆。超临界水冷却的热效率比目前轻水反应堆高出 1/3，同时也简化了核电站配套子项。

由于冷却剂在反应堆中不发生相变，并且直接与能源转化设备耦合，所以，核电站配套子项大为简化。该系统热功率为 1700MW，且在 25MPa 压力下运行，反应堆出口温度为 510℃，并有可能提高到 550℃。燃料采用氧化铀燃料，与那些简化的沸水反应堆相似，SCWR 系统也引入了非能动安全性。

SCWR 系统主要是为高效发电设计的，在堆芯设计中提供了一种管理锕系元素方案：SCWR 有一个热中子或快中子能谱。因此，该系统提供了两种燃料循环选择：第一种是具有热中子能谱反应堆的开放循环；第二种是具有快中子能谱反应堆的闭合循环，以及在中心区域基于先进水处理系统的全部锕系元素再循环能力。

7.3.6　超高温气冷反应堆（VHTR）系统

VHTR 系统是一个一次通过铀燃料循环的石墨慢化、氦冷却反应堆系统。堆芯出口温度为 1000℃，该系统可以用于生产氢产品、石化工业热处理或其他供热领域。该反应堆热功率为 600MW，热处理在与堆芯连接的中间热交换器中进行。

反应堆堆芯可以是棱柱形的，类似于在日本运行的高温工程试验堆（HTTR）；或者是球床形的，类似于在中国运行的高温气冷反应堆（HTR-10）。对于生产氢，通过热化学硫化碘过程，能有效利用该系统产生的热量。

VHTR 系统是为高效系统设计的，它可为高温、能量密集系统提供热处理，没有发电过程。该系统也可以与发电设备相结合，满足热电联供的需要。该系统还可采用 U/Pu 燃料循环，减少放射性废物。因此，VHTR 提供了一个扩展热处理应用空间和高效发电的选择方案，同时保留了模块化高温气冷反应堆所有的安全性能。

第8章 国内核电发展

8.1 中国核电发展概况

中国核电的发展始于1985年3月秦山核电站的开工建设,在30多年的时间里,经历了探索、适度发展、积极推进、安全高效发展4个阶段。

8.1.1 核电探索阶段（20世纪70年代—1994年5月）

从1976年起,党的工作重心转到经济建设上来,水电部根据中央的部署,制定了《1977—1986年电力科学技术发展规划纲要》,提出改善能源结构,发展原子能电厂的规划意见；1977年11月,成立核电局,组织了苏南核电站的对外引进谈判,抓住法国当局表达的意向,开展了与法国法马通公司合作建造核电站的谈判。

从1985年3月起,我国用10年的时间自主开发了秦山原型堆核电机组,引进了大亚湾二代商业堆核电站,共3台机组,建成装机容量达到2278MW,确定了我国压水反应堆核电发展技术路线。这3台机组是秦山核电站（CNP300）310MW（1985年3月20日—1991年12月15日）1台、大亚湾核电站（M310）984MW（1987年8月7日—1994年5月6日）2台。

1991年,我国自主研发的秦山一期30万千瓦核电站并网发电,结束了中国无核电的历史，我国成为继美国、英国、法国、苏联、加拿大、瑞典之后，世界上第 7 个能够完全依靠自己的力量自行设计、建造核电站的国家。1982 年，我国以进口成套设备、外方负责总体技术的方式从法国引进建设大亚湾核电站的 2 台 98 万千瓦压水反应堆核电机组，于 1994 年建成投入商业运行。在这一阶段，建成了 2 个核电站共 3 台机组，解决了我国没有核电站的问题，同时学习了技术，培养了人才，积累了经验，为后续核电建设打下了基础。

8.1.2　适度发展核电阶段（1996 年 6 月—2005 年 12 月）

在这一阶段，我国电力供应相对充裕，核能被定位为"我国能源的补充"，发展方针被定为"适度发展"。1994 年，我国开始建造秦山二期 2 台 65 万千瓦压水反应堆机组，设计工作由我方参考大亚湾核电站进行"翻版加改进"来完成，从国外引进了部分设计技术，设备大部分由国内生产。

21 世纪初期，我国又按购买容量模式成套购买并建设了岭澳 2 台法国压水反应堆机组、秦山三期 2 台加拿大重水反应堆机组、田湾 2 台俄罗斯压水反应堆机组。在这一阶段，我国共有 8 台核电机组陆续开工建设，至 2004 年年底，建成并网发电的核电机组有秦山二期 2 台、秦山三期 2 台和岭澳一期 2 台共 6 台机组，装机容量达到 470 万千瓦，在建的有田湾 2 台机组共 220 万千瓦，初步形成了广东、浙江、江苏 3 个核电基地。2000 年 6 月，中国向巴基斯坦出口的恰希玛 30 万千瓦核电站建成投产，中国成为世界上第 8 个能出口核电站的国家。

8.1.3 积极推进核电发展阶段（2006 年—2011 年 3 月）

20 世纪末，我国进入重工业时期，电力需求急剧上升，但电力发展相对滞后，"九五"计划电力弹性系数平均为 0.714，而国际上工业化时期电力超前发展、系数大于 1，由此出现了 2003 年、2004 年连续两年的"电荒"。当时启动了《核电中长期发展规划（2005—2020 年）》，提出"积极推进核电建设"的发展方针，规划至 2020 年建成核电 40 000MW，在建 18000MW。

2006—2010 年，我国开工建设 26 台机组，装机容量达到 29485MW，是当时世界上在建核电站最多的国家，在建机组占世界的 48%，装机容量占 49%。这是我国核电发展最快的 5 年、成果最大的 5 年，也是引进机组最多的 5 年，引进了 4 台 AP1000、2 台 EPR，装机容量达到 8500MW。

8.1.4 安全高效发展核电阶段（2011 年 3 月至今）

2011 年 3 月，日本发生福岛核泄漏事故，世界核电国家开始进行安全大检查，全球核电发展、增容、延寿态势戛然而止。中国国务院发布了"国四条"，对核电安全大检查，停止审批与开工新的核电站。

2012 年 5 月 10 日，国务院通过了《核安全规划》《核电安全规划》《核电中长期发展规划（2011—2020 年）》，重新启动核电建设，提出了安全高效发展核电的方针。在 2011—2020 年的核电规划中提出，至 2020 年建成核电装机容量 5800 万千瓦，在建装机容量 3000 万千瓦。

在 2016 年发布的《电力发展"十三五"规划》中，关于核电发展目标如下：建成三门、海阳 AP1000 项目；建设福建福清、广西防城港"华龙一号"示范项目；开工建设山东荣成 CAP1400 示范工程；开工建设一批沿海新的核电项目，加快建设田湾核电三期工程；积极开展内陆核电项目前期工作；加快论证并推动大型商用后处理厂建设；核电运行装机容量达到 5800 万千瓦，在建装机容量达到 3000 万千瓦以上；加强核燃料保障体系建设。

2017 年 8 月 28 日—9 月 1 日，第十二届全国人民代表大会常务委员会召开第 29 次会议，审议通过了《中华人民共和国核安全法》。经习近平主席批准，全国人大于 2017 年 9 月 1 日发布《核安全法》。《核安全法》共分 8 章，总计 94 条。《核安全法》重点内容如下：规定了确保核安全的方针、原则、责任体系和科技、文化保障；规定了核设施营运单位的资质、责任和义务；规定了核材料许可制度，明确了核安全与放射性废物安全制度；明确了核事故应急协调委员会制度，建立了应急预案制度、核事故信息发布制度；建立了核安全信息公开和公众参与制度，明确了核安全信息公开和公众参与的主体、范围；对核安全监督检查的具体做法做出明确规定；对违反本法的行为给出惩罚性条款，并对因核事故造成损害的赔偿做出制度性规定。

8.2 中国核电站运营情况

截至 2017 年 6 月，中国大陆地区商业运行的核电机组共 36 台，总运行装机容量达到 34718.16MW（额定装机容量）。2017 年上半年，中国商运核电机组累计发电量为 1155.33 亿千瓦时，约占全大陆地区累计发电量的 3.90%。截至 2017 年 9 月，中国核电机组运营情况如表 8-1 所示。

表 8-1 中国核电机组运营情况（截至 2017 年 9 月）

核电站名称	位置	编号	堆型	单堆功率	投资商	开工时间	临界时间	商运时间
秦山核电厂	浙江海盐	—	CNP300	310 MW	中核集团	1985 年 3 月	1991 年 10 月	1994 年 7 月
大亚湾核电厂	广东深圳	1 号机组	M310	984 MW	中广核集团	1987 年 8 月	1993 年 7 月	1994 年 2 月
		2 号机组					1994 年 1 月	1994 年 5 月
秦山第二核电厂	浙江海盐	1 号机组	CNP650	650 MW	中核集团	1996 年 6 月	2002 年 2 月	2002 年 6 月
		2 号机组				2004 年 3 月	2004 年 4 月	—
		3 号机组				2006 年 4 月	2010 年 9 月	2010 年 10 月
		4 号机组				2011 年 11 月	2011 年 12 月	—
岭澳核电站	广东深圳	1 号机组	M310	990 MW	中广核集团	1997 年 5 月	2002 年 2 月	2002 年 5 月
		2 号机组				1997 年 11 月	2002 年 10 月	2003 年 1 月
		3 号机组	CPR1000	1086 MW		2005 年 12 月	—	2010 年 9 月

续表

核电站名称	位置	编号	堆型	单堆功率	投资商	开工时间	临界时间	商运时间
岭澳核电站	广东深圳	4号机组	CPR1000	1086 MW	中广核集团	2006年6月	—	2011年8月
秦山第三核电站	浙江海盐	1号机组	CANDU 6	728 MW	中核集团	1998年6月	2002年10月	2003年2月
		2号机组					2003年7月	2003年11月
田湾核电站	江苏连云港	1号机组	AES-91	1060 MW	中核集团	1999年10月	2004年4月	2004年12月
		2号机组				1999年10月	2005年4月	2005年12月
		3号机组				2012年12月	2017年9月	—
		4号机组				2012年12月	在建	—
		5号机组	华龙一号	1150 MW	中核集团/中广核集团	2015年12月	在建	—
		6号机组				2016年10月	在建	—

第8章 国内核电发展

135

续表

核电站名称	位置	编号	堆型	单堆功率	投资商	开工时间	临界时间	商运时间
红沿河核电站	辽宁大连	1号机组	CPR1000	1085 MW	中广核集团	2007年8月	—	2013年6月
		2号机组				2008年3月	—	2014年5月
		3号机组				2009年5月	—	2015年8月
		4号机组				2009年8月	—	2016年4月
		5号机组	ACPR1000	1150 MW		2015年3月	—	2019年11月
		6号机组				2015年7月	在建	2020年8月
宁德核电站	福建宁德	1号机组	CPR1000	1085 MW	中广核集团	2008年2月	—	2013年4月
		2号机组				2008年11月	—	2014年5月
		3号机组				2010年1月	—	2015年6月

第8章 国内核电发展

续表

核电站名称	位置	编号	堆型	单堆功率	投资商	开工时间	临界时间	商运时间
宁德核电站	福建宁德	4号机组	华龙一号	1150 MW	中核集团/中广核集团	2010年9月	2016年3月	2016年7月
		5号机组				筹建	—	—
		6号机组				筹建	—	—
福清核电站	福建福清	1号机组	M310	1089 MW	中核集团	2008年11月	—	2014年11月
		2号机组				2009年6月	2015年7月	2015年10月
		3号机组				2010年12月	2016年7月	2016年11月
		4号机组				2012年11月	2017年7月	2017年9月
		5号机组	华龙一号	1150 MW		2015年5月	在建	—
		6号机组				2015年12月	在建	—

续表

核电站名称	位置	编号	堆型	单堆功率	投资商	开工时间	临界时间	商运时间
阳江核电站	广东阳江	1号机组	CPR1000	1085 MW	中广核集团	2008年12月	2013年12月	2014年3月25日
		2号机组				2009年6月	—	2015年6月5日
		3号机组				2010年11月	—	2016年1月1日
		4号机组				2012年11月	—	2017年3月
		5号机组	ACPR1000	1150 MW		2013年9月	在建	2018年下半年
		6号机组				2013年12月	在建	2019年下半年
方家山核电站	浙江海盐	1号机组	M310	1089 MW	中核集团	2008年12月	—	2014年11月
		2号机组				2009年7月	—	2015年1月
昌江核电站	海南昌江	1号机组	CNP650	650 MW	中核集团/华能集团	2010年4月	—	2015年11月

续表

核电站名称	位置	编号	堆型	单堆功率	投资商	开工时间	临界时间	商运时间
昌江核电站	海南昌江	2号机组	CNP650	650 MW	中核集团/中广核集团	2010年11月	2016年6月	2016年8月
		3号机组	华龙一号	1150 MW		—	—	—
		4号机组				—	—	—
多用途模块式小型堆科技示范工程	—	—	ACP100	125 MW	中核集团	—	—	—
防城港核电站	广西防城港	1号机组	CPR1000	1085 MW	中广核集团	2010年7月	2015年10月	2016年1月
		2号机组				2010年7月	—	2016年10月
		3号机组	华龙一号	1150 MW		2015年12月	在建	—
		4号机组				2015年12月	在建	—

续表

核电站名称	位置	编号	堆型	单堆功率	投资商	开工时间	临界时间	商运时间
三门核电站	浙江三门	1号机组	AP1000	1250 MW	中核集团	2009年4月	在建	—
		2号机组				2009年	在建	—
海阳核电站	山东海阳	1号机组	AP1000	1250 MW	中电投	2009年12月	在建	—
		2号机组				2010年6月	在建	—
		3号机组				筹建	—	—
		4号机组				筹建	—	—
		5号机组				筹建	—	—
		6号机组				筹建	—	—
台山核电站	广东江门	1号机组	EPR	1700 MW	中广核集团	2009年10月	在建	2016年上半年

续表

核电站名称	位置	编号	堆型	单堆功率	投资商	开工时间	临界时间	商运时间
台山核电站	广东江门	2号机组	EPR	1700 MW	中广核集团	2010年4月	在建	2016年下半年
石岛湾核电站	山东荣成	1号机组	HTR200	200 MW		2012年12月	在建	—
		2号机组	AP1000	1250 MW	华能集团	筹建	—	—
		3号机组				筹建	—	—
		4号机组				筹建	—	—
		5号机组	CAP1400	1250 MW		筹建	—	—
		6号机组				筹建	—	—
		7号机组				筹建	—	—
霞浦核电站	福建霞浦	1号机组	CAP1000	1000 MW	华能集团	2015年7月	在建	—

续表

核电站名称	位置	编号	堆型	单堆功率	投资商	开工时间	临界时间	商运时间
霞浦核电站	福建霞浦	2号机组	CAP1000	1000 MW	华能集团	筹建	—	—
		3号机组				筹建	—	—
		4号机组				筹建	—	—
		5号机组	CFR600	600 MW		筹建	—	—
		6号机组	HTR600	600 MW		筹建	—	—
漳州核电站	福建漳州	1号机组	华龙一号	1220 MW	中核集团/国电集团	筹建	—	—
		2号机组				筹建	—	—
太平岭核电站	广东惠州	1号机组	华龙一号	1220 MW	中核集团/国电集团	筹建	—	—
		2号机组				筹建	—	—

续表

核电站名称	位置	编号	堆型	单堆功率	投资商	开工时间	临界时间	商运时间
高温气冷实验堆	北京	—	HTR10	10 MW	—	1995年6月	2000年12月	2003年1月7日（并网）
中国实验快堆	北京	—	CEFR	20 MW	—	2000年5月	2010年7月	2011年7月21日（并网）
第一核能发电站	台湾省新北市	1号机组	BWR	636 MW	台湾电力公司	1971年	—	1978年12月
第一核能发电站	台湾省新北市	2号机组	BWR	636 MW	台湾电力公司	1971年	—	1979年7月
第二核能发电站	台湾省新北市	1号机组	BWR	985 MW	台湾电力公司	1974年9月	—	1981年12月
第二核能发电站	台湾省新北市	2号机组	BWR	985 MW	台湾电力公司	1974年9月	—	1983年3月
第三核能发电站	台湾省屏东县	1号机组	PWR	951 MW	台湾电力公司	1981年	—	1984年7月
第三核能发电站	台湾省屏东县	2号机组	PWR	951 MW	台湾电力公司	1981年	—	1985年5月
第三核能发电站	台湾省新北市	1号机组	ABWR	1350 MW	台湾电力公司	1999年3月	—	2015年7月封存
第三核能发电站	台湾省新北市	2号机组	ABWR	1350 MW	台湾电力公司	1999年3月	—	

8.3 中国核电发展新时期特点

8.3.1 坚持自主创新

中国核电从建设伊始，就坚持自主开发的理念与方针，从 CNP300 原型堆、CNP650 商业堆、二代改进堆（如 CPR）核电站建设，到 2005 年的 CNP1000、2010 年的 CP1000，始终不断自主开发。2013 年，中国核工业集团公司的 ACP1000 与中国广核集团有限公司的 ACPR1000+两项技术融合，上报国家发展改革委员会。2015 年 4 月，国务院核准建设华龙一号三代核电技术示范机组，同年 12 月 7 日，华龙一号首台示范机组在福清开工建设，标志着我国核电自主创新上了一个新台阶。

中国核电机组划代情况如表 8-2 所示。

表 8-2 中国核电机组划代情况

反应堆划代	反应堆类型
第二代	法国 M310、中国 CNP300、中国 CNP650
第二代+	中国 CPR1000
第三代	加拿大 CANDU 6、中国 ACPR1000、中国华龙一号、中国 CAP1000、法国 EPR、俄罗斯 AES-91、美国 AP1000、美国 ABWR
第四代	中国 HTR200、中国 HTR600、中国 CFR600

华龙一号采用 177 组自主研发的堆芯和燃料组件技术，应用先进的能动与非能动相结合的安全设计理念、单堆布置、双层安全壳、数字化技术。其充分考虑福岛核事故的最新反馈，进行相应的安全改进，采用完善的严重事故预防与缓解措施，满足我国和国际最新核安全法规标准要求。

8.3.2 坚持走出去战略

我国虽然已出口巴基斯坦 4 台 CNP300 机组，但由于核电起步晚，项目缺少自主知识产权，百万千瓦核电机组不能出口。为了加快核电发展，缩短研发周期，我国采取了引进—消化吸收改进—创新的路线。引进了 4 台二代压水反应堆 M310 机组、4 台 VVERAES 机组、4 台 AP1000 机组、2 台 EPR 机组，这种多国引进、竞相引进受到了国内业界的批评，但确实给我国自主开发带来了新理念、新技术多方面的借鉴，给我们的再创新以启迪。

在世界三代核电 AP1000、EPR 等工程建设遇到技术问题，工期大幅延期，项目成本大幅上涨，世界核电处于困难之际，华龙一号落地开工。工程建设的高效和低成本令世界瞩目，成为世界核电"希望之星"。在之后仅一年多的时间，核电走出去的喜讯不断传来。

2015 年 8 月，中国与巴基斯坦合作的华龙一号首个海外项目——卡拉奇核电工程开工。在 2015 年土耳其举行的 G20 峰会上，中国与阿根廷两国企业签署了《重水反应堆核电项目合同》《压水反应堆核电项目框架合同》。在 2016 年 G20 杭州峰会上，中阿双方就共同推进落实核电重大合作项目达成一致意见。阿根廷总统马克里表示，积极支持双方合作，实现重水反应堆项目 2017 年开工建设，力争压水反应堆项目于 2019 年开工建设。英国、法国、中国合作建设欣克利角 C（HPC）核电项目，于 2016 年 9 月 29 日在伦敦签订协议，预计在 2019 年开工，于 2025 年投运，英国政府已批准项目合同生效。该项目有两台 1600MW 的 EPR 机组，总装机容量为 3200MW，发电量占英国总发电量的 7%，每年可减排二氧化碳 900 万吨，三国合作投资共 180 亿英镑。

2015—2016 年，我国与巴基斯坦、阿根廷、英国、埃及、伊朗、巴西、沙特、马来西亚、印度尼西亚、阿尔及利亚、约旦等 20 多个国家就华龙一号、高温气冷堆的合作建设进行磋商，达成协议或开工建设。

8.3.3　中国已步入世界核电发展前列

截至 2016 年 7 月，我国建成与在建核电机组共 54 台（33 台+21 台），装机容量达到 53613MW，占世界核电机组总台数（506 台，444 台+62 台）的 10.7%，占世界核电总装机容量（453786MW）的 11.8%，居世界第 3 位。其中，2015 年核发电量为 161.2TW·h，占世界核电总发电量的 6.6%，居世界第 4 位；建成核电机组 33 台，占世界建成机组总台数的 7.4%，在运装机容量为 29577MW，占世界在运总容量的 7.6%，居世界第 4 位；在建机组 21 台，装机容量为 24036MW，占世界在建机组的 33.9%、装机容量的 36.4%，居世界第 1 位。

我国核电技术二代改进核电站（如 CPR）已经成熟，建设的百万千瓦机组有多半已投入运行。三代核电站建设处于工程示范堆阶段，包括引进的 AP1000 和 EPR。我国核燃料技术、核电装备制造技术与电站建设相配套，自主化率已达 80%以上。已完成四代核电站高温气冷堆示范工程建设，相关技术研发也在稳步推进。

第9章 核反应堆内关键钢铁材料

核电站的堆型主要有重水反应堆、轻水反应堆、石墨气冷堆和快中子增殖反应堆。除在秦山三期采用加拿大 CANDU 重水压水反应堆外，我国使用和在建的核电站都采用轻水压水反应堆，压水反应堆型核电站是我国大力发展的核电站类型，能够缓解我国用电紧张的问题。轻水压水反应堆核电站使用的原料是 ^{235}U 含量为 3%~4%的浓缩铀，将水作为慢化剂和冷却剂，包括两条主要回路：一回路包括反应堆、稳压器、蒸汽发生器和冷却剂泵，类似于火电站的锅炉；二回路由蒸汽发生器吸热，向汽轮机提供动力，还包括冷凝器等。

国际上的核电材料体系规范主要有美国 ASME（通用公司和西屋公司）体系规范、俄罗斯 RBMK-VVER（石墨慢化反应堆和俄罗斯压水反应堆）体系规范、法国 RCC-M（压水反应堆）体系规范、加拿大 CANDU（重水铀反应堆）体系规范和德国 KTA 体系规范等。不同体系规范的压水反应堆所用关键材料有所不同，但相对还是比较接近的。目前，我国的核电材料标准体系并未完全建立（正在逐渐建立之中），主要采用了 RCC-M、ASME 等体系材料。如表 9-1 所示为各国核电用钢体系情况。

表 9-1 各国核电用钢体系情况

国家/体系规范	反应堆压力容器	反应堆冷却剂系统的其他部件	RPV堆内构件	核辅助和外围系统	蒸汽发生器用管	安全壳	水—蒸汽循环	耐磨部件和表面硬化
法国 RCC-M	16MND5 18MND5 奥氏体堆焊层 308L/309L			Z3CN20.09-M Z2CN19.10 Z2CND18.12	Alloy600 Alloy690	混凝土	Tu42C Tu48C	硬质合金
美国 ASME	SA-533Gr.BC1.1 SA-508Gr.2 SA-508Gr.3		AISI304L AISI316NG AISI316L		Alloy600 Alloy690	SACr170	SA-350Gr.LF.2 SA-516Gr.70 SA-333Gr.6 SA-352Gr.LCB	硬质合金 Co的替代物
德国 KTA	20MnMoNi55 22NiMoCr37 奥氏体堆焊层 X6CrNiNb1810		X6CrNiNb1810 G-X5 CrNiNb189 Alloy718 Alloy X750		Alloy800 (mod)	15MnNi63 19MnAL6V	15MnNi63 WstE255/355 C22.8、St35.8、15Mo3、GS-C25	硬质合金 Co的替代物

第9章 核反应堆内关键钢铁材料

9.1 按钢材构成划分反应堆内钢铁材料

在压水反应堆核电站的核岛和常规岛中，出于安全考虑，核电设备的选材策略趋于保守，通常选用工艺成熟且有丰富使用经验的材料。核电用钢厚度大，组织主要为回火贝氏体及回火马氏体，可能还有部分残余的奥氏体组织。

除核燃料包壳、控制棒驱动机构和蒸汽发生器传热管等部件采用锆合金和镍基合金外，其余设备均采用钢铁材料。核电建设所用的钢材主要有核岛用钢、常规岛用钢、厂房及其他基础设施用钢，而核岛用钢是核电建设的核心关键部位用钢，技术要求最高。按照钢材的构成进行分类，核电用钢有锰镍钼类低合金钢、奥氏体不锈钢、镍基合金、碳钢/碳锰钢等，其形状分为板、管、丝、棒、带、铸/锻件等。这些钢材主要用于安全壳、蒸发器部件、稳压器部件、安注箱部件、硼注箱部件、汽水分离器部件、发动机部件、汽轮机、辅机部件、换热器部件、柴油机储油罐、预埋件制造。

9.1.1 锰镍钼类低合金钢

这类含 Mn、Ni、Mo（Nb）的低合金钢，分别列于美国的 ASME 规范中的 SA-302M、SA-533M（钢板）、SA-508M、SA-541M（锻件）。与法国 RCC-M 中相关 M 规范对应或接近的材料为 18MND5 和 16MND5。而德国技术监督协会材料公报 VdTUV384 规范中也有 MnNiMo5-4 系锅炉及压力容器专用低合金钢板。

国内 GB 713—2008 标准中的 13MnNiMoR 为德国的 13MnNiMo5-4 对应钢种，除此之外，其余材料在我国压力容器用钢的标准系列中尚无直接对应的牌号，仅 GB/T 1544—1995 标准（压水反应堆压力容器选材原则与基本要求）引用了相关材料。

法国 RCC-M 规范中的低合金钢，M2111-M2117、M2119、M2131 为 16MND5 锻件，M2141、M2142 为 16MND5 钢板及锻制封头，M2121、M2122 为 16MND5 钢板及压制封头，M2125-M2128 则为 18MND5 钢板及压制封头，M2133-M2134 为 18MND5 锻件等。16MND5、18MND5 主要要用于一回路的稳压器和蒸汽发生器。压水反应堆核电站一回路工作压力通常为 15MPa（150 个大气压）左右，工作温度在 350℃左右，因此，要求 16MND5、18MND5 这类使用在一回路上的钢有足够的热强性，细晶强化不再是首选强化方式，加入钼、锰和少量的铬有助于钢的热强性。由于一回路中存在放射性物质，如热中子（能量为 0.025eV），这类物质的辐照效应将显著提高脆性转变温度，加入镍主要是为了降低脆性转变温度，提高低温韧性。

ASME 规范的低合金钢与上述 16MND5、18MND5 接近，材料形式同样有钢板、锻件，分列于美国的 ASME 规范中的 SA-302 Grade C、SA-533 Grade B（钢板）或 SA-508 Grade 3 Class 1、SA-541 Grade 3（锻件）等规范。

德国 13MnNiMo5-4 低合金钢是德国于 20 世纪 60 年代研制成功的可焊贝氏体型耐热结构钢，为非列标钢种，是一种添加有镍、铬、钼和微量铌（铌起细化晶粒并强化的作用）的细晶粒低合金钢。其有较好的综合力学性能、较高的高温屈服点和对裂纹不敏感的特性，以及良好的焊接性能和工艺性能。

9.1.2 奥氏体不锈钢

在核电站运行过程中，压力容器、热交换管道、蒸汽发生器等部件都需要承受高温高压、大量辐射及化学腐蚀。因此，核电用钢关乎核电系统的安全运行。核电用钢需要符合相应核电设备对材料机械强度、抗腐蚀性、可加工性及导热性等参数的要求,应用在反应堆内的构件还须满足抗辐照性能等特殊要求。奥氏体不锈钢等材料因其所具有的特殊物理化学性质,在核电领域得到了比较广泛的应用。

在反应堆系统中选用的奥氏体不锈钢种主要有美国 ASME 规范中的 316L/304L,法国 RCC-M 规范中的控氮 Z2CND18-12、Z2CN19-10,德国的 X6CrNiNb1810、G-X5CrNiNb189 等。

一次冷却系统是防止核反应裂变产物外泄的重要屏障,作为一回路压力边界,其在高温、高压、高流速、强放射性介质条件下工作,承受瞬态工况、事故工况等载荷。一旦管道发生泄漏或破坏事故,造成的危害不堪设想。因此,确保其安全性是核电设计、制造、运行必须特别重视的。故要求选用的材料具有良好的力学性能、强抗腐蚀性能、良好的工艺性能、良好的塑性和断裂韧性。

第三代压水反应堆核电站的一次冷却系统主管道采用是的 316LN 奥氏体不锈钢,其属于超低碳控氮不锈钢,不仅具有较高的强度和抗热裂性,还能够抑制应力腐蚀的发生。核反应堆压力容器在高温、高压、流体冲刷及强烈的中子辐照等恶劣条件下运行,其所用材料必须有高的纯净度和致密度,以及优良的抗辐照脆化和耐辐照老化性,目前主要采用锰镍钼钢 A533B。核级阀门连接了核电站的 300 多个子系统,多采用低碳甚至超低碳的奥氏体不锈钢。

316L/304L 奥氏体不锈钢分别列于美国的 ASME 标准中的 SA-213(钢管)、SA-24(钢板)、SA-479(圆钢)、SA-182(锻件)等,与法国 RCC-M 中的 M3300 系列规范中控氮的 Z2CND18-12/Z2CN19-10 接近,与中国的 GB/T 20878—2007 中的 022Cr19Ni10(对应 304L 旧牌,旧牌号为 00Cr19Ni10)、022Cr17Ni12Mo2(对应 316L 旧牌,旧牌号为

00C17Ni14Mo2）接近。

控氮 Z2CND18-12/Z2CN19-10 奥氏体不锈钢是法国 RCC-M 规范中的 M3300 系列规范中的控氮 Z2CN19-10、控氮 Z2CND18-12 牌号，分别列于 M3301（锻件冲压件）、M3303/3304/330S（钢管）、M3306（锻轧件、半成品棒材）、M3307/3312/3314/3315（钢板、冲压件、焊接管）、M3313（锻造模压弯头）等。

9.1.3　镍基合金钢

蒸汽发生器的主要功能是作为热交换设备，将一回路冷却剂中的热量传给二回路给水，使其产生饱和蒸汽，供给二回路动力装置。其作用是在一、二回路之间构成防止放射性外泄的第二道防护屏障。

蒸汽发生器部件对材料性能的要求很苛刻，早期有核电站因蒸汽发生器选材不当而发生故障导致停堆。虽然奥氏体不锈钢具有较高的热强性、良好的抗氧化和抗腐蚀能力，而且焊接性能和冷、热加工性能也比较好，但因其对应力腐蚀比较敏感，所以堆内承受载荷的构件（如蒸汽发生器传热管）一般都避免采用 18-8 不锈钢，而选用各种性能均优于不锈钢，并且对应力腐蚀不敏感的镍基合金或铁镍基高温合金。蒸汽发生器的外壳由铁素体钢板制成，U 形传热管广泛采用 690 镍基高温合金。这类合金材料主要有 Inconel-600（NC15Fe）、Inconel-690（NC30Fe）、改良 Incoloy-800，这 3 种均为高温合金，有管、杆、棒、丝、板等类，列于美国的 ASME 规范中的 SB-163、166、167、168，法国 RCC-M 规范中的 M4100 系列及德国的 KTA3201.1 规范。在 ASME 规范中，Inconel-600、Inconel-690 的名称分别为 Alloy N06600、Alloy N06690，其中管子列于美国的 SB-163 的冷凝器和热交换器管，与法国 RCC-M 中的 M4101（名称为 NC15Fe 1993 年版）、4105（名称为 NC30Fe）分别对应。

（1）Inconel-600 镍基合金（简称"600 合金"）。Inconel-600（NC15Fe/OCr15Ni75Fe10）是最早发展起来的镍基高温合金，是燃气轮机叶片和涡轮喷气发动机燃烧室早期使用的材料，其特点是镍基奥氏体基体组织在高温下比较稳定。因其有较好的抗氧化性能、较高的强度，并且对应力腐蚀不敏感，所以广泛用于压水反应堆传热管，替代早期应用的 18-8 奥氏体型不锈钢。

但此合金的镍含量太高（高达 75%），使碳在固溶体的溶解度减小，从而对晶间应力腐蚀比较敏感。在 715℃环境中经过 12 小时特殊的时效热处理，并改用全挥发处理二回路水后，其应用性能得到一定的改善。

此合金现在有减少使用的趋势，水堆核电站蒸汽发生器用管的更换已不再采用。在过去十几年的时间里，美国 B&W 公司已经用 690 合金管更换了 42 台蒸汽发生器的传热管。为此，国际上进一步开发了改良型 800 和 690 合金。

（2）Inconel-690 镍基合金（简称"690 合金"）。Inconel-690（NC30Fe/OCr30Ni60Fe10）是在 600 合金基础上改良而成的。主要针对 600 合金中的镍含量太高、使碳在固溶体的溶解度减小的问题进行改良，解决对晶间应力腐蚀比较敏感的问题，将其镍和碳含量分别降低到 60%和 0.04%，并将铬含量升高到 30%。这种成分配比大大提高了其耐晶间腐蚀、氯化物应力腐蚀和苛性碱应力腐蚀的能力。

自 20 世纪 90 年代以来，由于 690 合金是继 600 合金和 800 合金之后发展起来的合金，成分配比更为合理，因此，美国、法国已将其作为新建设的现代压水反应堆核电站蒸汽发生器 U 形管束材料的优先选择，当然在其他部件中也有使用。在反应堆压力容器中使用 690 材料的有 CRDM 套管、M 支撑、穿透管、排放管套管、导向管，在蒸汽发生器中使用的则有锁紧板、螺母、限制器、分隔板、分隔板短节、管束、管束赛头、管箱封头排污套管、一次侧人孔排污套管等。

（3）改良的 Incoloy-800 镍基合金（简称"800 合金"）。Incoloy-800（OCr20Ni32FeA1Ti）是作为高温应用的耐蚀合金发展而成的，但与前两种镍基合金有所不同，其为铬镍合金，铬含量为 23%，高于 600 合金的 14%~17%，抗氧化能力更强。其镍含量为 30%左右，正好处于对晶间和穿晶应力腐蚀并不敏感的区域。其成分配比较为理想，由于镍、碳含量分别为 30%和 0.05%，低于 600 合金的 75%和 0.08%，因此，前者的抗晶间腐蚀和抗晶间应力腐蚀能力优于后者，但镍含量低会导致抗苛性钠的应力腐蚀能力下降，因而，800 合金的抗苛性钠的应力腐蚀能力低于 600 合金和 690 合金。

德国西门子/KWU 反应堆使用了该合金，加拿大安大略省 Bruce 动力公司的 BruceA 核电站使用 800 合金管更换早期 24 台蒸发器的传热管。

9.1.4 碳钢/碳锰钢

碳锰钢种主要采用欧洲标准 EN10028 及 EN10025 中的一些材料，如 P355GH、P265GH、P280GH、S235JO/S275JO/S355JO 等。在我国的锅炉、容器或用钢标准（GB 713—2008）和结构件用钢标准（GB 700—2006、GB/T 1591—2008）等标准中有对应或相近的材料。

欧洲标准碳锰钢如 P355GH、S255J0 等，用于某些二级设备壳体及容器内结构件。P355GH 钢是欧盟在联邦德国 19Mn6 钢（标准号为 DIN 17155）的基础上纳入欧盟标准 EN 10028-2 后的新牌号，在核电设备中，主要用于 1、2、3 级设备用而又未在专用零件采购技术规范中规定的钢板，以制造某些二级设备壳体及容器内结构件，如硼注射器中的上、下封头，筒体等。P355GH 钢具有良好的综合力学性能，其在500℃以下的高温力学性能优于碳钢，还具有良好的可焊性及冷热加工等工艺性能。相近牌号有中国的GB 713—2008中的Q345R（原GB 713—1997中的19Mng、16Mng）、美国的SA299、日本的SB49和俄罗斯的16rc等。

P265GH钢系EN10028-2（压力用途用钢板第二部分：具有规定高温特性的合金钢和非合金钢）标准和EN10216-2（压力用途用钢管第二部分：具有规定高温特性的合金钢和非合金钢）中的钢号，但锰含量要比P355GH低一些。在核电设备中，P265GH钢主要用于1、2、3级设备用而又未在专用零件采购技术规范中规定的碳钢钢板，以制造某些二级设备壳体及容器内结构件，如硼注射器中的裙座筒体、稳压器中的电极板、蒸汽发生器的板式分离器。

P280GH钢系EN10222-2（压力用途用钢制锻件第二部分：具有高温特性的铁素体和马氏体钢）标准中的钢号，锰含量介于P355GH与P265GH之间。在RCC-M规范中，P280GH钢为核2级材料，并规定其具有高温特性，具有良好的冲击韧性、FAC性能和焊接性能，P280GH钢在核电部件中主要用于蒸汽发生器主蒸汽系统、给水控流系统、辅助给水系统的轧制管件或锻制管件（M1124）或蒸汽发生器主蒸汽系统的锻造或模锻弯头。

S235J0/275J0/S355J0钢系EN10025-2:2004（热轧结构钢制品第二部分：非合金结构钢的交货技术条件）标准中的钢号。S235J0/275J0分别与国标GB/T 700—2006的Q235C、Q275C接近，而S355J0与GB/T 1591—2008中的Q345C接近。在核电设备中，S235J0/275J0/S355J0钢也主要用于通用结构用而又未在专用零件采购技术规范中规定的、有一定质量要求的S1、S2钢板梁和商品级棒材等，如各种重型支撑、锚固件、反应堆压力容器顶盖总装的附件。

碳钢或碳锰无缝钢管也被用于核电站的蒸汽系统和辅助性管道，如德国的WB36S1钢、美国的1.15Ni-0.65Cu-Mo-Cb钢、欧盟的 15NiCuMoNb5-6-4 钢等。

9.2 按服役位置划分反应堆内钢铁材料

因机组差异，核电站所用钢材的设计规范、品种、规格、数量及采购标准都不尽相同。核电用钢的需求量取决于核电站建设的数量，具体钢材的种类和数量取决于核电机组种类。根据世界核能协会《世界核能绩效报告 2016》中引用的数据，截至 2015 年年底，全球共有 442 座核电机组，其中压水反应堆（PWR）283 座，占 64.0%；沸水堆（BWR）78 座，占 17.6%；加拿大设计的重水反应堆（PHWR，也称 CANDU）49 座，占 11.1%；石墨水冷堆（LWGR）15 座，占 3.4%；石墨气冷堆（GCR）14 座，占 3.2%；快中子（FNR）堆 3 座，占 0.7%。核电站的核岛和常规岛大部分部件采用钢铁材料，除核燃料包壳、控制棒驱动机构和蒸汽发生器传热管等部件采用部分锆合金和镍基合金外，其余设备均主要采用钢铁材料。以压水反应堆核电站为例，按照成本估算，压水反应堆核电站中采用钢铁材料制造部件的成本占整套核电机组部件成本的 83%。在这些钢制部件中，制造难度最大的压力容器成本占比最高，为 14%，其次是主管道，占 12%，再次是蒸汽发生器，占 10%，核级阀占 7%，主冷却泵占 5%，堆内构件占 4%，稳压器占 1%；二回路中的泵、阀、管道、冷凝器等合计占 16%，汽轮机占 9%，汽水分离再热器占 5%。

核电在我国的能源可持续供应中占据的重要地位被逐渐认识到，未来 10 年我国将迎来核电发展的新高潮。我国应在引进国外先进核电机组的同时，加快核电用钢的研究步伐，提高核电关键部件的国产化，使我国真正成为核电大国和核电强国。

9.2.1 一回路管道用钢

一回路主管道是核电站在正常、非正常、事故和试验工况下，防止核反应裂变产物外泄至安全壳的重要屏障。因此，核电主管道要能够耐高温、耐高压及耐腐蚀。

早期核电站的部分主管道曾选用低合金钢管，并在管内堆焊不锈钢。之后的核电主管道普遍采用 18-8 型奥氏体不锈钢，并在此基础上不断优化成分和生产工艺。稳定化的奥氏体不锈钢：在 18-8 型不锈钢中加入钛或铌提高耐晶间腐蚀性能，但其焊接性能不好且会导致夹杂物过多，影响弯管的加工。

304 不锈钢在 18-8 型奥氏体不锈钢基础上降低碳含量，316 钢又加入了 2%的钼，但它们在 480~820℃长期停留的话，仍有"敏化"的倾向。

超低碳 304L 和 316L 奥氏体不锈钢在 304 不锈钢的基础上继续降低碳含量，获得了优异的耐晶间腐蚀、焊接性能和加工性能，但最大的问题是强度不足。

第二代压水反应堆核电站的一回路主管道采用的是铸造双相不锈钢，在奥氏体基体中增加少量（12%~20%）的铁素体，不仅提高了材料的强度和抗热裂性，还能够抑制应力腐蚀的发生。但铁素体含量不能超过 20%，否则会产生较严重的热老化现象。

第三代压水反应堆 AP1000 核电站的一回路主管道采用整体锻造的 316LN 奥氏体不锈钢，属于超低碳控氮奥氏体不锈钢，在 316L 的基础上加入氮元素，既能提高材料的强度，又能保持较高的塑韧性水平。

9.2.2 反应堆压力容器用钢

反应堆压力容器用钢是核岛设备的主要受压材料，用于一级设备压力容器壳体及构件，材料型式有钢板、锻件。反应堆压力容器在高温、高压、流体冲刷和腐蚀，以及强烈的中子辐照等恶劣条件下运行，其设计寿命不低于40年且不可更换。

压力容器材料必须满足以下特殊要求：足够高的纯净度、致密度和均匀度，适当的强度和良好的韧塑性，优良的抗辐照脆化和耐时效老化性能，优良的焊接性、冷热加工性能及优良的抗腐蚀性能等。

压力容器材料一般是在工程上成熟的材料基础上改进而成的。最早的压力容器材料选用锅炉用C-Mn钢A212B（锻件为A105），随后改用淬透性和高温性能更好的Mn-Mo钢A302B（锻件为A336）。

20世纪60年代中期，对A302B钢添加镍，发展出淬透性和韧性更好的Mn-Mo-Ni钢A533B（锻材为A508-2钢）。

A508-3钢是在A508-2钢的基础上，通过降低碳、铬、钼含量，提高锰含量发展而来，是目前大型压水反应堆压力容器的首选材料。目前世界压水反应堆压力容器大多选用美国A508-3钢，其他国家的压力容器材料大多是在A508-3钢基础上开发出的本国钢种，如法国的16MND5钢、德国的20MnMoNi55钢、日本的SFVV3钢等。

9.2.3 堆内构件用钢

堆内构件是指压力容器内除燃料组件及相关部件外的全部结构部件。其部件繁多、结构复杂、精度要求高，且需要经受高温高压、中子辐照、冷却剂腐蚀等考验。因此，反应堆内构件材料的选材原则一般如下：强度适当高、塑韧性好、能抗冲击和抗疲劳；中子吸收界面和中子俘获截面及感生放射性小；抗辐照、耐腐蚀，并且与冷却剂的相容性好；热膨胀系数小；有良好的焊接和机械加工工艺性能。

堆内构件主要包括支承板类、法兰筒体类和压紧弹簧类等锻件，主要由奥氏体不锈钢和马氏体不锈钢锻件制造，其中除了压紧弹簧由马氏体不锈钢制成，其余主要部件均是由奥氏体不锈钢制成的。

第二代压水反应堆核电站的堆内主体结构材料一般是奥氏体不锈钢，如304L、304LN、321、347、310，螺栓类材料为316LN、321H不锈钢，某些特殊件采用马氏体不锈钢，如压紧弹簧的1Cr13。

第三代压水反应堆AP1000核电站功率更大、寿命更长，对堆内构件的成分和性能要求更严。其主体结构材料选用锻造的F304和F304H奥氏体不锈钢，压紧弹簧采用改进型的403马氏体不锈钢。

堆内构件奥氏体不锈钢主要有Z3CN18-10（控氮）、Z2CN19-10（控氮）、0Cr18Ni9（304）、00Cr18Ni10（304L）、0Cr18Ni9Ti、0Cr18Ni12Mo2Ti等。304不锈钢在高温高压水中焊后具有晶间腐蚀敏感性，而304L不锈钢在300℃左右高温水中强度不能满足要求。在堆内构件选材方面，国外已越来越多地采用核级控氮奥氏体不锈钢，如法国压水反应堆使用Z2CN19-10和Z3CN18-10控氮304型不锈钢，美国、日本也用此材料并将其称为304NG（核级）不锈钢。

以法国M310为技术背景的CNP600/1000、CPR1000、EPR核电压紧弹簧选用的材料为Z12CN13（法国RCCM标准）。由于AP1000全球首堆在中国建设，设计方对压紧弹簧选材并未明确，更没有供货厂家，其设计选材先后经历了Z12CN13、SA336 F6a、改型403和F6NM，我国前期试制的Z12CN13、SA336 F6a、改进型403锻件韧性不达标，只有试制的F6NM锻件满足设计要求，最终确定了将F6NM马氏体不锈钢作为AP1000堆内压紧弹簧锻件材料。

9.2.4 蒸汽发生器用钢

蒸汽发生器是作为热交换设备将一回路冷却剂中的热量传给二回路给水，使其产生饱和蒸汽供给二回路动力装置，在一、二回路之间构成防止放射性外泄的第二道防护屏障。蒸汽发生器由于要承受高温、高压和介质的腐蚀、磨蚀等作用，对材料性能的要求很苛刻。

蒸汽发生器主要由带有出入口的接管、具有换热作用的传热管、安装传热管束的管板，以及容纳上述部件的筒体组成。

早期的筒体部件采用热轧 A533Bcl.1 钢板进行卷焊制造，后来采用冷轧 A533Bcl.2 钢进行卷焊制造。早期的管板则采用 A508-2 钢和 A508-3 钢锻件制造，由于前者存在焊接层下裂纹问题，后者解决了这一问题，因此，A508-3 钢获得了更广泛的使用。早期的水室封头一般采用 A216WCC 铸钢件制造，后来采用 A533Bcl.1 钢板成形，然后焊接成水室封头。总体来说，早期的蒸汽发生器主要采用板焊结构，随着锻件制造技术水平的提高，逐渐由大型一体化锻件加以取代。目前世界压水反应堆蒸汽发生器大多采用美国 A508-3cl.2 钢锻件制造，其他国家的相似钢种有法国的 18MND5 等。

蒸汽发生器传热管是一回路与二回路之间的热交换界面，属于反应堆一回路系统压力边界，其运行环境恶劣，既有管内外一、二回路压力差，又有一、二回路高温水介质的综合腐蚀，还有二回路侧由于水的蒸发、水中杂质氯离子等的浓缩、滞流水区污垢的堆积，以及 U 形管束须与管板进行胀—焊连接所导致的焊接热影响和残余应力等，这些都使得蒸汽发生器成为压水反应堆一回路最薄弱的环节。

蒸汽发生器传热管材料经历了从 18-8 型不锈钢（304、316L）、Inconel600 合金、Incoloy800 合金到 Inconel690 合金的发展历程。

9.2.5 核级阀门用钢

核级阀门在核电设备中属于关键附件，连接了核电站的 300 多个子系统，其种类主要有闸阀、截止阀、止回阀、蝶阀、安全阀、主蒸汽隔离阀、球阀、隔膜阀、减压阀和控制阀等。虽然核级阀门在核电站的建设成本中占比很小,但在核电站所有部件的维修成本中,核级阀门的维修成本占50%以上。

核级阀门选用的材料需要具备良好的耐蚀性、抗辐照、抗冲击和抗晶间腐蚀性能,因此,在一些主系统中均采用低碳甚至超低碳奥氏体不锈钢作为主体材料,并选用一些强度高、韧性好、耐高温高压、抗冲蚀和擦伤性能优越的合金材料作为阀杆或密封面等零件。按照阀体材料的选择,核岛中碳钢阀门约占41%,不锈钢阀门约占55%,其他材料阀门仅占约4%。

9.3 核电用钢技术特点

核电用钢的技术特点主要包括以下方面。

(1)核电用钢品种齐全、范围广泛。钢种涵盖了碳素钢、合金钢、不锈钢及镍基材料等,并且均有较为严格的要求。由于核岛设备用钢长期工作在高温、高压等环境中,因此,要求具有适宜的强度、高的韧性及低的脆性转变温度(NDT)。

(2)核电用钢生产难度大,接近国内外先进轧机极限水平。主要是钢板单重重、规格大,属超宽、超厚、超重型。如CPR1000蒸汽发生器筒体用钢18MND5,仅一张钢板单重就接近40吨。

(3)严格的化学成分要求。常规岛设备用钢一般要求磷、硫含量在0.015%以下,而核岛设备用钢则要求磷、硫含量分别小于0.010%、0.0005%。

(4)严格、复杂的力学性能要求。取样数量明显增多,需要在交货状态下、试模拟焊后热处理(SPWHT)后,对于高温、常温及低温等不同状态的不同位置进行纵横向检验,如稳压器用16MND5

钢板，一张钢板最多需要检验 50 余个冲击试样。

（5）在工作温度下要有良好的组织稳定性、可焊性、冷热加工性和抗疲劳强度，在反应堆辐照条件下应具有良好的抗辐照脆化敏感性。

（6）具有严格的无损检测要求。核电设备用钢大都需要进行 100%超声波检验，钢板表面需要进行磁粉探伤，同时对探伤操作人员资质提出了较高的要求。

（7）考虑长期承受中子辐射作用，由于合金元素越多，整体抗中子辐射能力越弱，一般采用抗辐射能力强的稀少合金元素钢材，目前世界各国广泛认同的是 Mn-Ni-Mo 系低合金高强度钢。

（8）核电用钢主要分为碳钢及合金钢两大领域。国际上较为典型的核电用钢主要有美国的 A508-3 钢、A533（B、D）钢，德国的 BHW35 钢，法国的 16MND5 钢，日本的 SFVV3 钢等。

核电用材料与常规压力容器用材相比，在技术要求上对杂质元素的控制非常严格，须具有较高的纯净度。受压元件材料的磷、硫含量一般都要求在 0.015%以下，反应堆压力容器某些部件要求在 0.008%以下；对某些特定残余元素进行严格规定，如奥氏体不锈钢硼含量不得超过 0.0018%；对于与堆内冷却剂接触的所有零件（一般采用不锈钢或合金制造），其钴、铌和钽含量严格限定如下：钴含量≤0.20%，铌＋钽含量≤0.15%。这些要求比一般的压力容器用钢更为严格。

▶9.4 核电关键部件用钢的国产化

就核电关键部件用钢的国产化而言，目前，我国正在建设的核电站主要是第二代改进型（CPR1000）和第三代（AP1000 和华龙一号）核电机组，核电关键部件的国产化主要集中在主管道、压力容器、蒸汽发生器、堆内构件等方面。

9.4.1 一回路主管道的国产化

第二代核电站的一回路主管道采用铸造双相不锈钢，其制造的核心技术长久以来掌握在国外少数企业手中，法国玛努尔工业集团的产量占据世界铸造双相不锈钢市场约70%的份额。为打破我国在大型压水反应堆主管道长期依赖进口的局面，北京科技大学牵头了"十一五""863"计划的重点项目"大型压水反应堆核电站关键结构材料与工程应用技术"，通过与烟台台海玛努尔核电设备有限公司和四川三洲川化机核能设备制造有限公司联合研发，攻克了第二代压水反应堆主管道的生产技术。2011年，项目单位形成3~5套/年主管道生产能力，已经在红岩河和宁德等核电工程取得应用，22个新建机组全部采用国产主管道。该项目成果入选国家"十一五"重大科技成就展。第三代核电机组AP1000主管道采用整体锻造成型，材料选用超低碳控氮奥氏体不锈钢316LN，在AP1000技术转让合同中，其是唯一没有技术转让或技术支持的关键设备，制造难度非常大。国家委托中国第一重型机械集团公司（简称"中国一重"）、中国第二重型机械集团公司（简称"中国二重"）和渤海重工管道有限公司等企业进行主管道的试制，目前已经成功制造出满足AP1000标准的整体锻造主管道并接受用户订货。但由于对AP1000主管道成型关键技术的掌握仍存在很多不足，因此主管道的成品率极低，生产成本过高。为此，国家在2012年专门安排了"863"课题"AP1000压水反应堆主管道材料与成形关键技术"，委托北京科技大学和烟台台海玛努尔核电设备有限公司等单位进行联合攻关，目标是掌握AP1000主管道制造过程中的大型钢锭精炼、大型不锈钢部件整体锻制、管段整体加工成形等关键技术，为 AP1000 主管道的质量提升和规模化稳定生产提供技术支撑，并为我国第三代自主堆型 CAP1400、CAP1700 主管道开发提供技术积累。

目前，中国二重和烟台台海玛努尔核电设备有限公司已经完全掌握了 AP1000 第三代核电整体锻造主管道大型钢锭精炼、大型不锈钢部件整体锻制、管段整体加工成形等关键技术，目前已经成功制造出满足要求的第三代核电整体锻造主管道并稳定供货。中国二重和烟台台海玛努尔核电设备有限公司为第三代核电整体锻造主管道材料技术全球领先企业和主要供应商。

9.4.2 压力容器的国产化

1973 年，我国参照美国 A508-3 钢，在当时国内现有钢种 18MnMoNb 的基础上添加镍，研制出我国压水反应堆核电站反应堆压力容器用钢，定名为 S271 钢。1987 年，我国引进法国 M310 堆型后，参照美国 A508-3 钢和法国 16MND5 钢进行了国产压力容器材料的研究。2005 年，中国一重采用国产 A508-3 钢承制秦山核电站二期扩建工程 650MW 压水反应堆核电站反应堆压力容器。第二代堆型 CPR1000 核电站的压力容器全部由国内制造商承制，而作为主设备原材料的大锻件也由国内几家重型机械企业承制。

AP1000 反应堆压力容器大锻件全部采用 ASME SA-508 "压力容器用经真空处理的淬火加回火碳钢和合金钢锻件"制造标准，对材质的纯净度和各项机械性能指标要求非常高。世界上第 1 台 AP1000 机组——浙江三门核电 1 号机组的反应堆压力容器由韩国斗山重工业集团承制，其中的部分大锻件分包给了中国一重。随着 AP1000 项目国产化进程的推进，中国一重已经攻克了 AP1000 压力容器锻件的制造技术，并承制了三门核电 2 号机组的压力容器。国家电力投资集团有限公司与中国一重签订了 CAP1400 示范工程两台机组的两台 RPV 研制供货合同。

9.4.3 蒸汽发生器的国产化

在 2004 年以前，我国没掌握百万千瓦压水反应堆核电站蒸汽发生器锻件材料技术，M310 及改进型技术蒸汽发生器 18MND5 大型锻件全部依赖进口。在 2006 年以后，随着我国引进 AP1000 核电设备及依托工程相继建设，特别是在大型先进压水反应堆核电站国家科技重大专项支持下，钢铁研究总院和中国一重在国内首次开展第三代核电蒸汽发生器高强度 A508-3cl.2 钢及大型锻件制造技术研究，目前我国以中国一重为代表的重型机械企业已经完全掌握了第二代和第三代核电蒸汽发生器大型锻件材料技术（包括 M310 及改进堆型 CPR1000、ACP1000、CNP1000，以及华龙一号、AP1000），实现了全套锻件的生产制造能力和供货能力，产品性能指标与国外同类水平相当，部分性能指标甚至优于国外，但是与压力容器大型锻件类似，在产品质量稳定性、成材率方面与世界领先的日本制钢所尚有差距。2010 年 8 月，由上海电气核电设备有限公司承制的国内首台自主化"第二代+"核电百万千瓦级蒸汽发生器通过竣工验收，已经在辽宁红沿河核电站一期工程安装使用。2014 年 5 月，哈电集团重型装备有限公司制造的 AP1000 蒸汽发生器顺利通过水压试验，标志着国产首台 AP1000 蒸汽发生器组装成功。

传热管是蒸汽发生器的核心部件和关键技术，在 2009 年以前，我国传热管材料的冶炼、制管和弯管等技术相对落后，需要从法国瓦尔瑞克集团（Valinox）、日本住友集团和瑞典山特维克工程集团（Sandvik）等国外公司进口传热管。经过国家项目支持，目前我国的宝钢特钢、宝银特种钢、久立特材 3 家企业已经建成了 690U 形传热管完整的配套生产线，掌握了 690U 形传热管全流程生产技术，可以提供满足第二代和第三代核电技术要求的成品管，产品实物质量与国外同类产品相当，产品已应用在 CPR1000 防城港核电机组、CAP1400 示范工程机组和出口巴基斯坦的华龙一号 K2 机组中。

9.4.4 堆内构件的国产化

我国已经掌握了第二代和第三代核电所有堆内构件锻件材料的生产制造技术，目前仅上海重型机器厂有限公司具有生产供货能力，特别是其掌握了国际领先的第三代核电 AP1000 堆内 F6NM 马氏体不锈钢环锻件的生产制造技术，我国率先制造出世界首批 AP1000 压紧弹簧环锻件。

上海一机床研制的 AP1000 堆内构件攻破了整体式堆芯围筒、吊篮筒体和 304H 不锈钢特种锻件等关键制造技术，形成 3 项专利。相关产品实现了向依托项目三门 2 号机组、海阳 2 号机组供货。CAP1400 堆内构件已经完成自主设计，正在对导向筒和支承柱组件激光焊接、对中检测工艺等关键技术进行攻关，产品生产制造进展顺利。

参 考 文 献

[1] 贾丹明. 我国专利信息用户的需求分析[J]. 中国发明与专利, 2010 (09):68-69.

[2] Dario Bonino, Alberto Ciaramella, Fulvio Corno. Review of the state-of-the-art in patent information and forthcoming evolutions in intelligent patent informatics[J]. World Patent Information, 2010, 32(01):30-38.

[3] Diallo B, Escorsa E, Giereth M. Towards content-oriented patent document processing[J]. World Patent Information, 2008, 30(01):21-33.

[4] 李振亚. 基于四要素的专利价值评估方法研究[J]. 情报杂志, 2010, 29(08):87-90.

[5] 张彦巧. 企业专利价值量化评估模型实证研究[J]. 情报杂志, 2010, 29(02):51-54.

[6] 鲍志彦. 基于专利地图的竞争情报挖掘及实证研究[J]. 情报杂志, 2011,30(09):12.

[7] 殷媛媛. 专利地图图形学及解读方法研究[J]. 图书情报工作, 2010 (S2):363-367.

[8] Hunt D, Nguyen L, Rodgers M. Patent searching:tools and techniques[M].John Wiley and Sons, 2007.

[9] Porter A, Cunningham S. Tech mining:exploiting new technologies for competitive advantage[M]. John Wiley and Sons, 2005.

[10] Iwayama M, Furujii A, Kando N. Overview of classification subtask at NTCIR-5patent retrieval task[C] // NTCIR-5 workshop meeting, 2005:15.

[11] 王根. 基于地方知识产权战略的专利情报分析软件研究——以东莞市为例[J]. 情报科学, 2011, 29(09):1435-1440.

[12] 邓舜元. 结合线上翻译服务的跨语言专利检索系统[EB/OL]. www.aclweb.org/anthology/O/O08/O08-2009. pdf 2010-2-20, 2012-04-15.